NHK
趣味の園芸
12か月
栽培ナビ

17

キウイフルーツ

三輪正幸
Miwa Masayuki

写真：キウイフルーツ‘香緑’（撮影：三輪正幸）

目次

Contents

12か月栽培ナビ　27

もっとうまく育てるために　86

Column

本書の使い方

ナビちゃん
毎月の栽培方法を紹介してくれる「12か月栽培ナビシリーズ」のナビゲーター。どんな植物でもうまく紹介できるか、じつは少し緊張気味。

本書はキウイフルーツの栽培にあたって、1月から12月に分けて、月ごとの作業や管理を詳しく解説しています。また、主な品種の解説や病害虫の予防・対処法などを紹介しています。

＊「キウイフルーツ栽培の基本」

(5〜26ページ) では、キウイフルーツの特徴や栽培上の注意点、品種情報、植えつけの方法やその後の仕立て方について解説しています。

＊「12か月栽培ナビ」

(27〜85ページ) では、月ごとの主な管理と作業を、初心者でも必ず行ってほしい 基本 と、中・上級者で余裕があれば挑戦したい トライ の２段階に分けて解説しています。また、無農薬 は無農薬や減農薬で栽培する際に重要となる作業です。作業の手順は、適期の月に掲載しています。

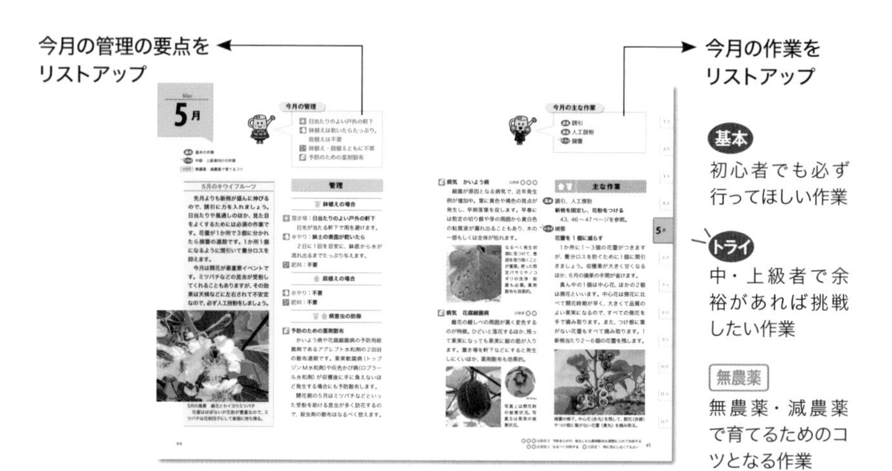

＊「もっとうまく育てるために」

(86〜95ページ) では、主な病害虫とそのほかの障害への予防・対処法のほか、置き場、水やり、肥料といった管理を解説しています。

- 本書は関東地方以西を基準にして説明しています。地域や気候により、生育状態や開花期、作業適期などは異なります。また、水やりや肥料の分量などはあくまで目安です。植物の状態を見て加減してください。
- 種苗法により、種苗登録された品種については譲渡・販売目的での無断増殖は禁止されています。また、品種によっては、自家用であっても譲渡や増殖が禁止されており、販売会社と契約書を交わす必要があります。つぎ木などの栄養増殖を行う場合は事前によく確認しましょう。

キウイフルーツ栽培の基本

キウイフルーツ栽培をスタートするうえで
知っておくべき基本情報について解説します。

写真：家庭で楽しむキウイフルーツの栽培例

Kiwifruit

M.Miwa

キウイフルーツはどんな植物？

分類：マタタビ科マタタビ属
形態：落葉つる性
学名：*Actinidia chinensis*（黄・赤色系品種）
Actinidia deliciosa（緑色系品種）

キウイフルーツとは

中国の長江流域にルーツをもつキウイフルーツ。国内での栽培の歴史は浅く、本格的な栽培が始まったのは1970年代以降という新しい果樹です。北海道や沖縄などの一部地域を除いて全国で栽培が可能で、病害虫に比較的強く、落ち葉拾いや剪定などを徹底すれば、無農薬での栽培も可能です。雌木と雄木の区別があり、両方の苗木を入手して近くに植え、人工授粉すると実つきがよくなります。

生育サイクル

枝がつる状になって伸びるので、植えつけ時には棚やオベリスクなどの支柱を設置し、伸びた枝をひもなどを使って誘引することが必須です。

春に枝葉が伸び、5月ごろに開花して夏に果実を肥大させ、秋に収穫を迎えます。収穫直後の果実は堅くて酸味が強く食味が悪いので、リンゴなどを使って追熟させてから食べましょう。冬にはすべての葉が落ち、木には枝だけが残ります。

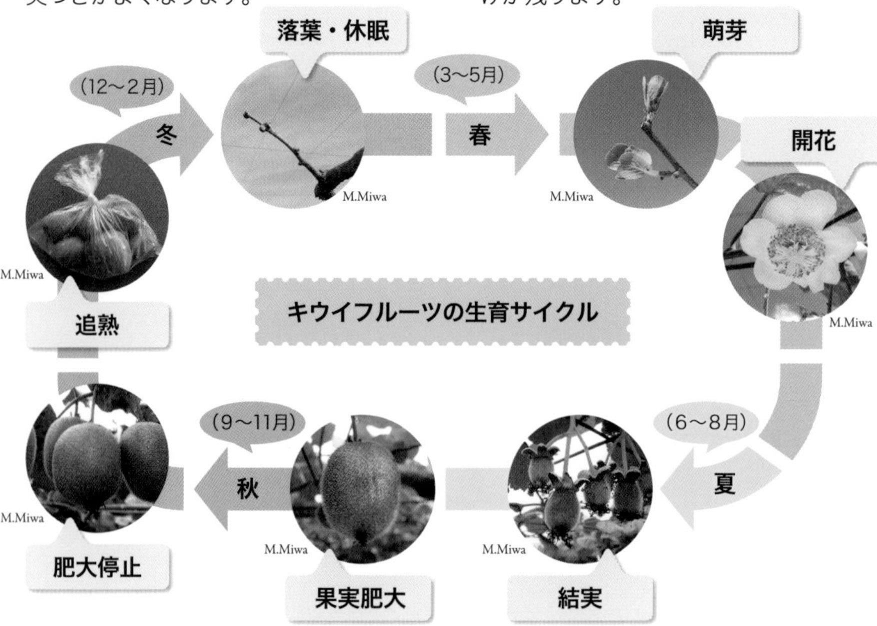

生育の特徴と栽培上の注意点

生育の特徴

病害虫に比較的強い

袋かけや剪定、落ち葉拾いなどの管理作業を徹底することで、無農薬での栽培も可能。鳥や獣の被害も少ない。

暑さに強い

猛暑の夏でも水さえ足りていれば、暑さ自体で枯れることはほぼない。冬は−7℃を下回ると枯れることもあるので注意。

枝がつる状に伸びる

棚やオベリスクなどの支柱に枝を誘引することで、好きな形に木を仕立てることができる。

鉢植えでも栽培可

庭植えはもちろん、鉢植えでも栽培可能。鉢植え栽培では、剪定時に株元に近い枝を残すのが最大のポイント（82ページ参照）。

栽培上の注意点

雌木（めぎ）と雄木（おぎ）をそろえ、人工授粉する

雌雄の苗木をセットで入手し（8ページ参照）、開花時に人工授粉（46ページ参照）すると実つきが格段によくなる。

伸びた枝は誘引する

枝は伸びしだい、支柱に誘引して、見た目や日当たり、風通しをよくする（43ページ参照）。

収穫果は追熟する

収穫果は堅くて酸っぱく食味が悪いので、追熟（68ページ参照）させてから食べる。

毎年必ず剪定をする

剪定を毎年行うことで、枝が混み合いジャングル状態になるのを防ぎ、実つきがよい状態を維持することができる（77ページ参照）。

※上記の特徴や注意点は鉢植え、庭植え共通

M.Miwa

品種選びのポイント

1
雌木と雄木を両方とも入手する

雌木には雌花が、雄木には雄花が咲きます。果実がつくのは雌木だけなので、まずは11～15ページを参考にして雌木の品種を選びましょう。雄木は果実が収穫できないものの、実つきをよくするためには必須です。近所に雄木があるなどの理由で苗木1本でも結実することもありますが、結実は不安定なので雄木を購入して近くに植えたほうが無難です。選んだ雌木の果肉の色から雄木の品種を選びます（9ページ参照）。

雄木の樹勢に注意

雄木には果実がつかないので、雌木に比べて木の勢い（樹勢）が強くなる傾向にあります。同じ鉢に雌木と雄木を植えると雌木が雄木に負けて生育が悪くなることが多いので、必ず雌雄を別々の鉢に植えつけましょう。庭植えの場合も少し離して植えつけ、雌木の枝を邪魔しないような誘引、剪定（43、73ページ参照）を心がけます。

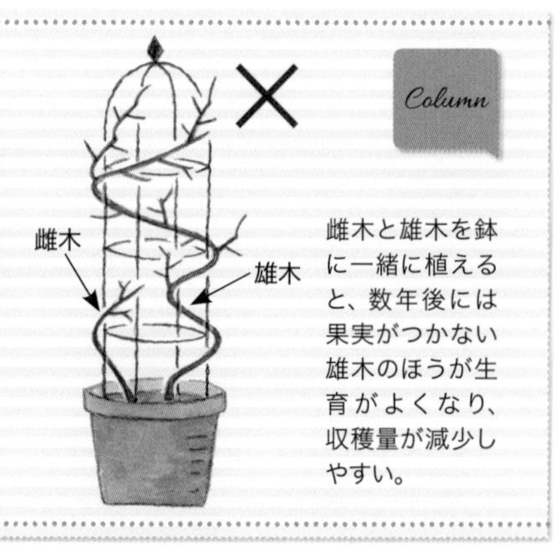

2
果肉の色は赤、黄、緑。特性を見極めて選ぶ

果肉の色は赤、黄、緑で信号機と同じ配色です。それぞれの特性を理解したうえで選ぶと失敗が少ないでしょう。赤色系品種や黄色系品種は甘みが強く収穫時期が早い反面、果実が日もちしにくく、開花期の早い雄木を植える必要があります。緑色系品種は、比較的日もちする品種が多い反面、収穫期が遅いので降霜が早い寒冷地などでは注意が必要です。雌木品種を選んだら、その果肉の色をもとに雄木品種（17ページ参照）を選びましょう。

果肉の色と特性・性質

	赤色系品種	黄色系品種	緑色系品種
果肉の色	中央部は赤色で それ以外は黄色	黄色	緑色
代表品種	紅妃、 レインボーレッドなど	ゴールデンキング、 アップルキウイなど	ヘイワード、 香緑など
開花・成熟期	極早	早	普通
貯蔵期間	1か月程度*1	1～3か月程度*1	2～6か月程度*1
追熟期間	6日程度*1	6～9日程度*1	8～12日程度*1
糖度・酸度	高・低	高・低	普通
果実や枝葉の毛	柔・短・少（無）	柔・短・少（無）	堅・長・多
新梢	多くて短い	多くて短い	少なくて長い
倍数性（染色体数）	主に二倍体（58）	主に四倍体（116）	主に六倍体（174）

注意：上記の特性・性質は傾向であり、品種によっては当てはまらない場合がある
＊1：貯蔵や追熟の期間は収穫期に左右されるが、上記は遅めの収穫期を想定している

苗木選びのポイント

苗木を購入する時期

植えつけ適期の11～3月が購入の適期でもありますが、4～10月に購入した場合は11月まで購入した鉢で育て、11～3月に植えつけます。

苗木の種類

最も流通しているのが1～2年生の苗木です。1本の棒状の枝が目立つので棒苗とも呼ばれ、鉢植え、庭植えどちらにも仕立てることができて品種も豊富です。ポット苗のほか、専門業者の場合は素掘り苗という根の周囲の土が取り除かれ、水ゴケや麻布などが巻かれた状態で出荷される苗木もあります。

7～11月には果実がついた実つき苗も出回ります。実つき苗は基本的には鉢植え専用です。

よい苗木とは

よい苗木の条件は、ラベルに品種名が明記されており、病害虫の発生がなく、枝が太くて充実しているものです。

品種情報を残そう

近年、「親族が植えた果樹の品種名がわからない」というお悩みがふえています。ラベルを紛失するなどして品種名がわからなくなると、枝葉や果実の状態から判断するのは困難なので、ラベルを保管するなどして品種情報も含めて家族に託すのが理想的です。

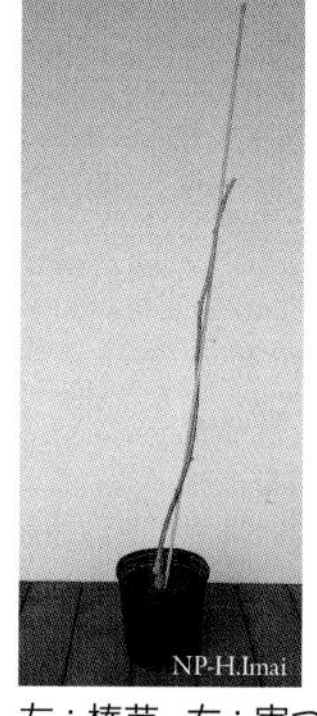
NP-H.Imai

NP-H.Imai

左：棒苗、右：実つき苗。

NP-H.Imai

素掘り苗は輸送中に根が乾燥しているおそれがあるので、水に1時間程度浸してから植えつけるとよい。

M.Miwa

ラベルに品種名が明記された苗木を選ぶ。品種情報については、本人はもちろん、家族にもわかるように共有するとよい。

品種図鑑
～主な品種の特性～

新 **新品種**：2000年以降に流通し始めた品種
注 **注　目**：筆者注目の品種

多くの品種が海外から導入され、国内での育種も盛んに行われています。登録がされていない品種を含めると、家庭で栽培可能な雌木品種は20以上あります。そのなかには由来が不明な品種も多く、民間業者が同じ品種を異なる名前で販売している場合もあり、「AとBのDNA解析をしたら同じ品種だった」ということもあるようです。本書では由来が不明なものも含め、家庭で入手が可能な品種を紹介します。

雌木
赤色系品種
学名：*Actinidia chinensis*

果肉が赤色の品種群。果肉の基本色は黄色で、中央部だけ赤色に色づく品種を本書では赤色系品種とした。他の性質は黄色系品種に似る。家庭で栽培できる品種は少ない。

紅妃（こうひ）　注

収穫期：10月上～下旬　果実重：80g程度
貯蔵期間：1か月間程度　追熟期間：6日程度
果実の食味：優　苗木の入手：とても易

園芸店などでも苗木が入手可能な家庭用の赤色系品種で、小果だが甘みが特に強く、酸味が少ない人気種。開花期が早いので雄木選びが重要で、果実は傷みやすくなるべく早く食べきるとよい。新梢の発生数が多くて新梢の長さが短く、樹勢が弱りやすいので剪定を徹底する。かいよう病が発生しやすい。

M.Miwa

M.Miwa

レインボーレッド　注

収穫期：10月上～下旬　果実重：90g程度
貯蔵期間：1か月間程度　追熟期間：6日程度
果実の食味：優　苗木の入手：普通

近年、栽培する生産者が急増している大人気の赤色系品種で、甘くて酸味が少ない。10月中旬ごろから樹上でも軟化して、収穫後の追熟が不要な場合も。かいよう病の防除や剪定を徹底するのが栽培のポイント。果実の形や食味、葉の形などの基本的な性質が‘紅妃’とよく似ているが、本書では別品種とした。

M.Miwa

M.Miwa

※貯蔵・追熟期間は収穫時期の早晩によって前後する

雌木

黄色系品種

学名：*Actinidia chinensis*

果肉が黄色の品種群。果実や枝葉の毛は少なく、新梢の発生数が多いのが特徴。甘みが強く、酸味が少ない品種が多い。中国から導入した品種のほか、近年は国内育成品種も増加している。

M.Miwa

M.Miwa

ゴールデンキング

収穫期：10月中旬～11月上旬　果実重：120g程度
貯蔵期間：1か月程度　追熟期間：8日程度
果実の食味：普通　苗木の入手：とても易

中国から導入された品種で中国名は廬山香。さまざまな黄色系品種が間違って本種として流通していることもある。日もちしにくく、果実としての流通はかなり少ないが、すぐに食べきる家庭栽培用の品種としては有望。さっぱりとした食味で追熟期間は短く、追熟させすぎに注意が必要。かいよう病にやや弱いので、新梢管理を徹底するとよい。

M.Miwa

M.Miwa

アップルキウイ　魁蜜（かいみつ）、センセーションアップル

収穫期：10月中旬～11月上旬　果実重：140g程度
貯蔵期間：1か月程度　追熟期間：6日程度
果実の食味：普通　苗木の入手：易

果実がリンゴのような形をしていることからアップルキウイなどと呼ばれる。中国からの導入種で中国名は魁蜜。摘果を徹底すれば大果になるため、品種改良の際に交配親として利用されることも多い。果実は傷みやすく、貯蔵期間や追熟期間が短いので注意が必要。新梢の長さが短く、樹勢が弱りやすいので、剪定で枝の切り詰めを徹底して行うとよい。

M.Miwa

M.Miwa

東京ゴールド　新　注

収穫期：10月中旬～11月上旬　果実重：100g程度
貯蔵期間：1か月程度　追熟期間：6日程度
果実の食味：良　苗木の入手：普通

2013年に品種登録された新品種で、お尻の部分がとがって涙のようなユニークな形をしている。果実の毛はかなり少ない。糖高酸低で果汁は多く、食味は良好。かいよう病に強く、新梢管理に留意すれば、家庭でも比較的育てやすい。品種名に東京とあるが、東京都以外でも栽培が可能で、苗木の流通量も徐々に増加している。

新 新品種：2000年以降に流通し始めた品種　注 注目：筆者注目の品種

クリーミー三鷹　新

収穫期：10月中旬〜11月上旬　果実重：100g程度
貯蔵期間：1か月程度　追熟期間：7日程度
果実の食味：普通　苗木の入手：難

東京都三鷹市で育成された品種で、全国で栽培が可能な黄色系品種。酸味は少なく食味はあっさりとしており、果肉は柔らかくて舌触りはなめらか。苗木の生産量は多くはなく、入手は容易ではない。詳細は不明。

M.Miwa　M.Miwa

イエロージョイ

収穫期：10月中旬〜11月上旬　果実重：90g程度
貯蔵期間：1か月程度　追熟期間：6日程度
果実の食味：普通　苗木の入手：難

果実には独特の香りがあり、追熟した果肉はとてもジューシーで、うるんだように透き通るのが特徴。果実はほぼ無毛。樹上で追熟すると紹介されることもあるが、品質の低下や不ぞろいを防ぐためには、リンゴなどを用いて追熟したほうがよい。

M.Miwa　M.Miwa

ゴールデンイエロー

収穫期：10月中旬〜11月上旬　果実重：90g程度
貯蔵期間：2か月程度　追熟期間：10日程度
果実の食味：普通　苗木の入手：易

中国からの導入種で中国名は金豊。糖度は中程度、酸味は強めでとてもあっさりとした食味。赤色系品種のような濃厚な甘みが苦手な場合におすすめ。貯蔵性がやや高く、追熟日数がやや長め。食味や貯蔵性、追熟性がほかの黄色系とは異なる個性派品種。

M.Miwa　M.Miwa

ジャンボイエロー

収穫期：10月中旬〜11月上旬　果実重：140g程度
貯蔵期間：1か月程度　追熟期間：8日程度
果実の食味：普通　苗木の入手：易

大果な黄色系品種で、果実重250gと宣伝されることも多いが、そこまで大きくなることは珍しい。果肉の黄色が濃くて、適度な酸味を感じる。園芸店やインターネットショップなどで広く流通している品種だが、詳細は不明。

M.Miwa　M.Miwa

※貯蔵・追熟期間は収穫時期の早晩によって前後する

雌木

緑色系品種

学名：*Actinidia deliciosa*

果肉が緑色の品種群。果実や枝葉の毛が多く、新梢が伸びやすいのが特徴。適度な甘みとさわやかな酸味をもつ品種が多い。大果で貯蔵性がよい‘ヘイワード’の一強状態が続いている。

M.Miwa

ヘイワード

注

収穫期：11月上～下旬	果実重：110g程度
貯蔵期間：3～6か月間程度	追熟期間：12日程度
果実の食味：普通	苗木の入手：とても易

ニュージーランドのヘイワード・ライト氏によって育成され、世界で広く栽培されている象徴的な品種。国内には1970年代に本格的に導入された。大果で最大6か月間程度は貯蔵できるという優れた特徴をもつため、導入から50年以上経過した現在でも国内シェア85％（19ページ参照）を誇り、生産量No.1の座に君臨している。本書に記載された栽培方法は本種を基準にして書かれており、初心者でも育てやすく、家庭栽培においてもおすすめ。花腐細菌病（45ページ参照）が発生しやすいので、開花期に発生状況を確認して注意したい。

M.Miwa

香緑（こうりょく）

収穫期：10月下旬～11月中旬	果実重：120g程度
貯蔵期間：2～4か月間程度	追熟期間：7日程度
果実の食味：良	苗木の入手：易

果肉が濃い緑色で、米俵のような特徴的な形をしている品種。1987年に品種登録された古い品種だが、糖度が高くてジューシーで緑色系品種のなかでは食味がトップクラス。苗木は入手しやすいので、‘ヘイワード’以外の緑色系品種を選ぶ際には、有力な候補とするとよい。栽培面では、新梢が特に伸びやすいので、誘引や摘心、徒長枝の除去などといった春から秋の新梢管理を徹底して、日当たりや風通しをよくするのがポイント。果実軟腐病（63ページ参照）が発生しやすいので、新梢管理も含めた防除を徹底するとよい。

新 新品種：2000年以降に流通し始めた品種　注 注目：筆者注目の品種

エルムウッド

収穫期：10月下旬～11月中旬　果実重：130g程度
貯蔵期間：2か月程度　追熟期間：7日程度
果実の食味：普通　苗木の入手：難

'ヘイワード' と同時期に国内に導入された品種。大果で収穫時期が早いので注目されたが、食味が淡泊で貯蔵性が低いのが難点。本ページに掲載の品種すべてに共通するが、'ヘイワード' に劣ると評価されて現在は栽培例が少なく、苗木も入手しにくい。

M.Miwa
M.Miwa

ブルーノ

収穫期：11月上～下旬　果実重：110g程度
貯蔵期間：3か月程度　追熟期間：9日程度
果実の食味：普通　苗木の入手：難

ニュージーランドのブルーノ・ジャスト氏によって育成され、1970年代に国内に導入された品種。果実が長細くて毛がびっしりと生えているのが特徴的。甘さは控えめで酸味が強い。古くからのキウイフルーツ産地では今でも栽培されている。

M.Miwa
M.Miwa

アボット

収穫期：11月上～下旬　果実重：100g程度
貯蔵期間：3か月程度　追熟期間：12日程度
果実の食味：良　苗木の入手：難

ニュージーランドのヘイワード氏もしくはブルーノ氏によって育成され（詳細は不明）、1970年代に導入された国内初期の品種。果実はへん平でやや小さいが、緑色系品種のなかでは甘みは強くて酸味が少ない。近年は果実も苗木も流通量が少ない。

M.Miwa
M.Miwa

モンティ

収穫期：11月上～下旬　果実重：100g程度
貯蔵期間：3か月程度　追熟期間：9日程度
果実の食味：普通　苗木の入手：難

来歴については不明だが、ニュージーランドで育成され、本ページに掲載のほかの品種とほぼ同じ時期に国内に導入された品種。果実はへん平で、'ヘイワード' より少し角ばった果実の形とびっしりと生えた毛が特徴。

M.Miwa
M.Miwa

※貯蔵・追熟期間は収穫時期の早晩によって前後する

キウイフルーツの仲間

キウイフルーツと同じマタタビ科マタタビ属の植物を紹介します。キウイフルーツとは異なる種ですが、交配が可能で次世代が生まれる組み合わせもあります。

M.Miwa

マタタビ

学名：*Actinidia polygama*

収穫期：9〜10月　果実重：10g程度
貯蔵期間：1か月程度　苗木の入手：普通

日本や朝鮮半島などに自生する植物で、果実は通常は食用にしないが、ハエやアブラムシが寄生してできる虫こぶは、木天蓼子（もくてんりょうし）として漢方薬に利用される。猫を酩酊状態にすることで有名だが、マタタビラクトンという成分に由来する。キウイフルーツの雄花で人工授粉できる。

M.Miwa

M.Miwa

サルナシ

学名：*Actinidia arguta*

収穫期：9月中旬〜11月中旬　果実重：10g程度
貯蔵期間：1か月程度　追熟期間：7日程度
果実の食味や苗木の入手：品種によって異なる

日本や朝鮮半島などに自生。きわめて小果だが甘みが強く、皮ごと食べることも可能。キウイフルーツの雄花で人工授粉できる。日本から持ち出されたサルナシがアメリカやニュージーランドなどで品種改良され、キウイベリーやベビーキウイの名で逆輸入されている。

Column

キウイフルーツのふるさと

原産地は中国の長江流域の山岳地帯だと推測されており、紀元前から栽培されているようです。1906年にニュージーランドに持ち込まれ、徐々に品種改良されて注目が集まり、1937年に本格的な栽培がスタートしたという記録が残っています。日本へは1960年代に導入され、1970年代後半から本格的な経済栽培が始まりました。リンゴやモモなど、明治維新直後に本格導入された果樹が多いなか、キウイフルーツは導入されてから半世紀程度の歴史が浅い果樹です。

M.Miwa

果実の形や大きさが多様。流通している品種は中国やニュージーランドから苗木が導入されたものが多い。

受粉樹用

雄木品種

雄花が咲く雄木の品種群。雌しべがなく、果実はつかない。雌木と同様、雄木にも赤·黄色系品種と緑色系品種の区別がある。育てる雌木品種に応じた雄木品種を選ぶとよい。

育てる雌木品種が決まったら、次は雄木品種を選びます。下表を参考に雌木の果肉の色に応じて雄木を決めましょう。赤·黄·緑などと複数の果肉色の雌木品種を育てていて雄木を何本も植えるスペースがない場合は、開花期の早い赤色系品種用の雄木（'早雄'など）を選び、必要に応じて花粉を冷凍保存（47ページ参照）すると効率的です。

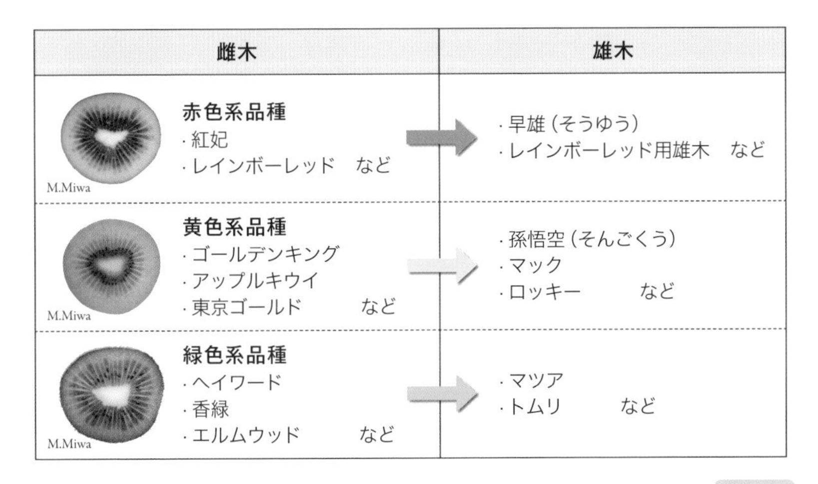

雌木	雄木
赤色系品種 ·紅妃 ·レインボーレッド　など	·早雄（そうゆう） ·レインボーレッド用雄木　など
黄色系品種 ·ゴールデンキング ·アップルキウイ ·東京ゴールド　など	·孫悟空（そんごくう） ·マック ·ロッキー　など
緑色系品種 ·ヘイワード ·香緑 ·エルムウッド　など	·マツア ·トムリ　など

M.Miwa

Column

雄木が不要な雌木品種？

家庭で入手可能な雌木のなかには、「雄木不要（受粉樹不要）」と表記された品種があります。雌花の雄しべから本来は出ないはずの正常な花粉が出て、同じ花の雌しべと雄しべの間で受粉できるというのが雄木が不要な理由のようです。

筆者はこれらの一部を栽培し、開花前から袋をかけて外部からの受粉を遮断して結実率や花粉の発芽率を調べましたが、いずれも低い値を示しておりこれらの花粉の正常さを確認できませんでした。すべての品種が同様とはいいきれませんが、家庭栽培においては雌木に加えて雄木を用意したほうが無難だと思います。

雄木不要とされる雌木品種の雌花の雄しべから正常な花粉が出ていないケースがいくつか見られた（筆者調べ）。ただし、正常な花粉をもつ雌木個体を作出した最新の研究例はある。

都道府県限定栽培のブランドキウイフルーツ

国内でも品種改良が行われていますが、本ページ掲載の品種のように都道府県内の生産者などに栽培が限定されており、家庭では苗木を入手するのが難しい場合があります。お取り寄せなどをすれば果実は購入できるので、ぜひ味わってみましょう。

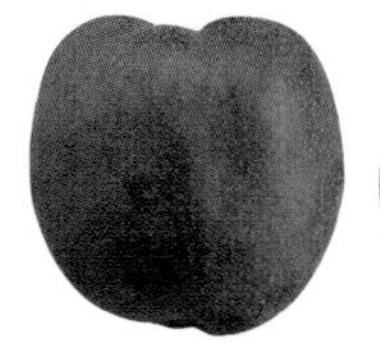
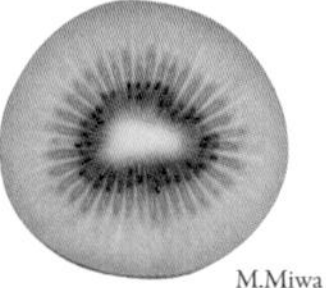

M.Miwa

さぬきゴールド
香川県限定
最大級の果実（約170g）となめらか食感。

M.Miwa

讃緑（さんりょく）
香川県限定
強い甘みとほどよい酸味。約100g。

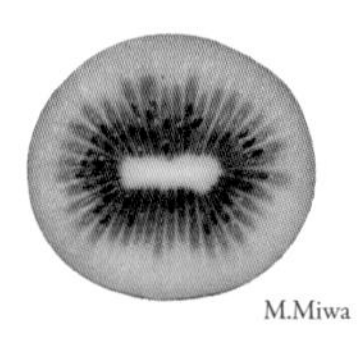

M.Miwa

さぬきエンジェルスイート
香川県限定
種子のまわりがわずかに赤い。約100g。

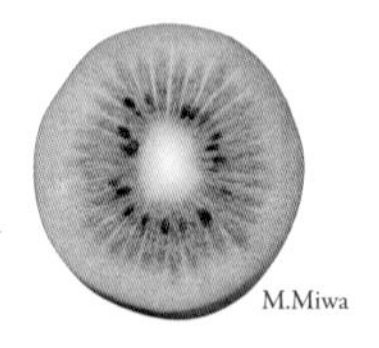

M.Miwa

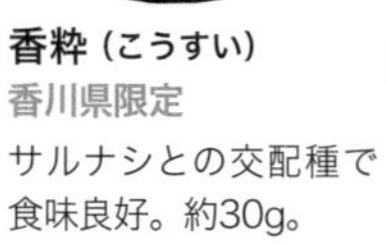

M.Miwa

香粋（こうすい）
香川県限定
サルナシとの交配種で食味良好。約30g。

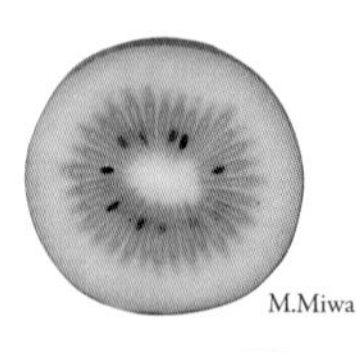

M.Miwa

M.Miwa

さぬきキウイっこ
香川県限定
シマサルナシとの交配5品種の総称。約50g。

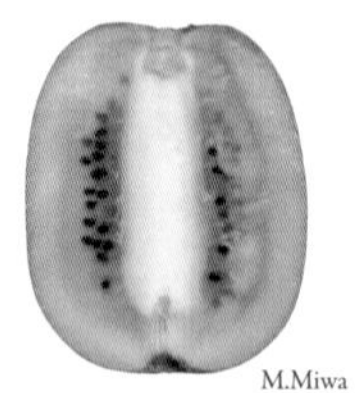

M.Miwa

甘うぃ
福岡県限定
大果（約140g）で甘みが強く酸味が少ない。

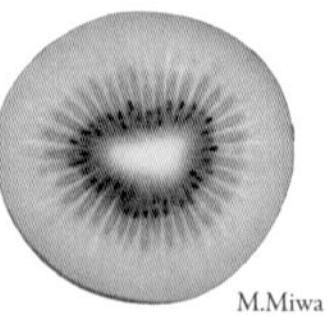

M.Miwa

静岡ゴールド
静岡県限定
甘みが強く、貯蔵性もよい 。約90g。

国内の栽培状況と品種割合

参考：令和元年度果樹作況調査（農林水産省）
特産果樹生産動態等調査（農林水産省）

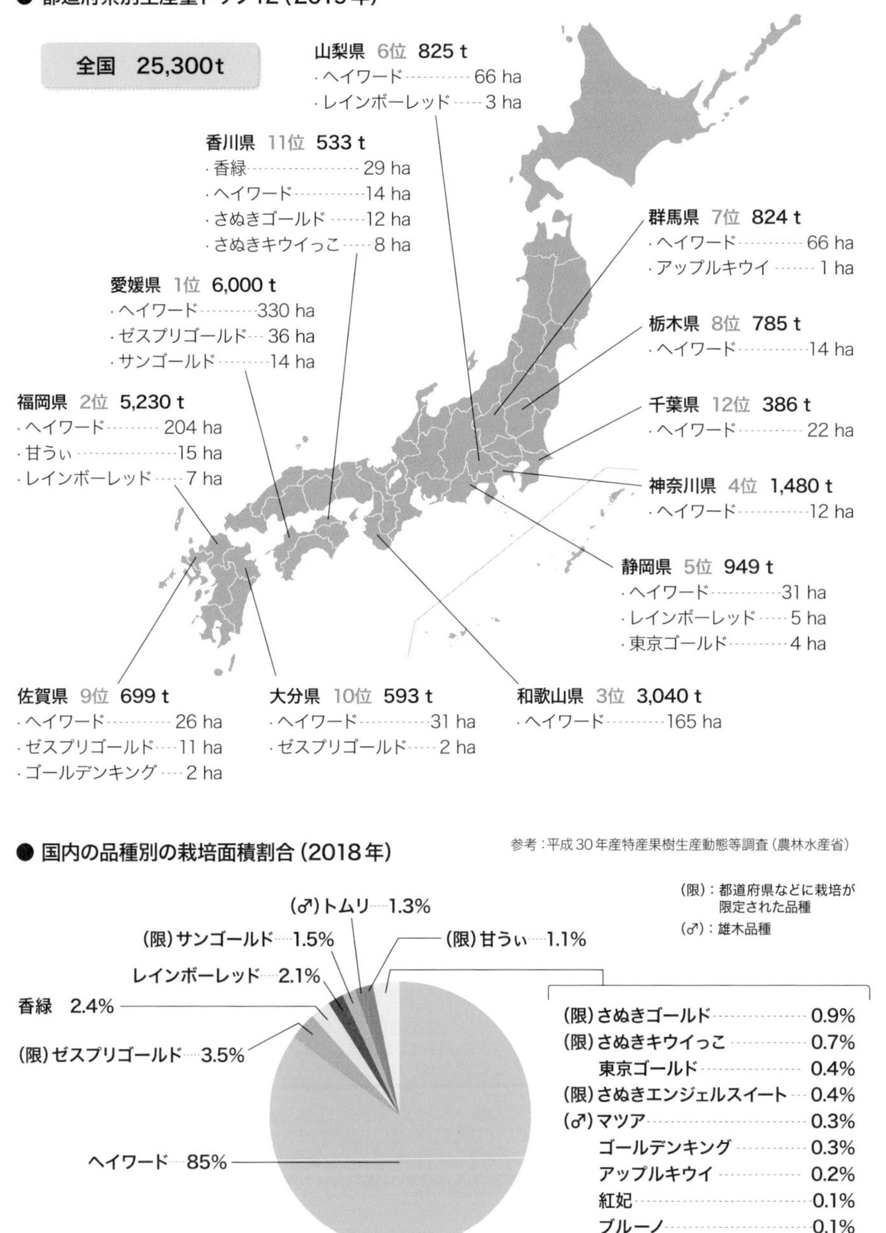

輸入キウイフルーツ

本ページでは果実として輸入されるキウイフルーツをまとめました。日本の食卓によく並ぶのは‘ゼスプリグリーン’ですが、これはニュージーランドで栽培された‘ヘイワード’(14ページ参照)を輸入したものです。ほかにも下記の商品が食卓を彩ります。

M.Miwa

ゼスプリゴールド(Hort16A)

輸入先：ニュージーランド

ゼスプリ社がニュージーランドで育成した品種で、甘みが強い黄色系品種のパイオニア。国内でもゼスプリ社と契約をしている愛媛県や佐賀県などの農場（19ページ参照）では栽培でき、国産果実も流通。ニュージーランドでは‘ゼスプリサンゴールド’の栽培に移行しつつあり、最近は国産果実の割合が高まる。

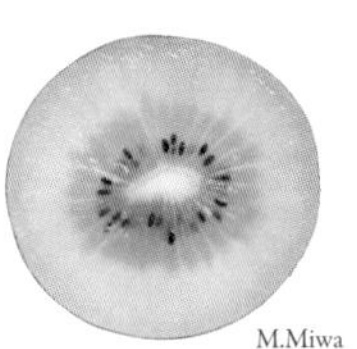
M.Miwa

ゼスプリサンゴールド（ZESY002)

輸入先：ニュージーランド

輸入果実は4～10月ごろに出回る。‘ゼスプリゴールド’と同様に愛媛県などの農場（19ページ参照）で国内栽培されるケースも増加中。

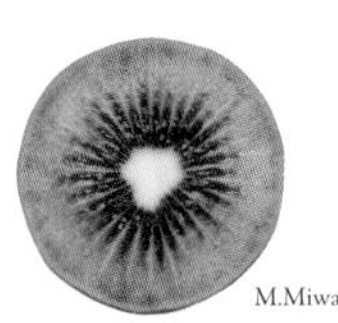
M.Miwa

ゼスプリレッド

輸入先：ニュージーランド

赤色になる果肉の範囲が広く、インパクトや甘みが抜群。4～5月のみ流通する希少な品種で筆者イチオシ。

M.Miwa

ハニーゴールド

輸入先：アメリカ

カリフォルニアから輸入される果肉が黄色の商品で詳細は不明。果実はへん平で甘みが強く、酸味は少ない。

M.Miwa

ジンゴールド

輸入先：チリ

ジューシーな食感でさっぱりとした風味が特徴。果肉が黄色をしており、ほぼ無毛で食べやすい。詳細は不明。

世界ランキングと国内自給率

● キウイフルーツ生産量の世界ランキング（2019年）

参考：2019年 国連食糧農業機関（FAO）統計

下表は国連食糧農業機関が公開しているキウイフルーツの生産量をまとめたものです。生産量の世界1位は原産地の中国で、今でも50％以上のシェアを誇る大産地です。次にニュージーランド、イタリアと続き、日本は12位です。

ランク	国名	生産量（t）	シェア（％）	備考
1位	中国	2,196,727	51	*1
2位	ニュージーランド	558,191	13	*1
3位	イタリア	524,490	12	*2
4位	イラン	344,189	8	*1
5位	ギリシャ	285,860	7	*2
6位	チリ	177,206	4	*1
7位	トルコ	63,798	1	*2
8位	フランス	55,830	1	*2
9位	アメリカ	46,720	1	*2
10位	ポルトガル	32,360	1	*2
11位	スペイン	24,510	1	*2
12位	日本	23,286	1	*1
	その他	14,844	0	*1
	合計	4,348,011	100	

*1：公式データをFAOにて一部修正
*2：公式データ

● 国産果実と輸入果実の割合（2019年）

参考：平成31年度 貿易統計（財務省）
令和元年度果樹作況調査（農林水産省）

下図はキウイフルーツ果実に関する複数の統計データをまとめたものです。それによると果実の国内自給率は19％で、果実消費の大部分を輸入に依存していることがわかります。最大の輸入先はニュージーランドで、アメリカやチリなどからもわずかに輸入されています。安定した供給のためには、さらなる国内生産の拡大が求められています。

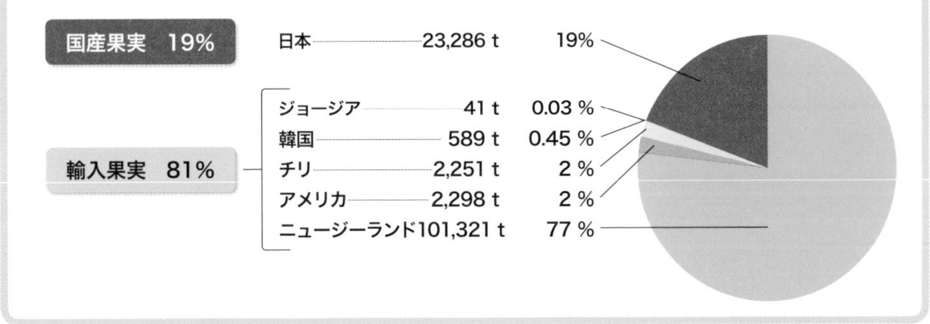

鉢への植えつけ

適期＝11月下旬～3月上旬

植えつけの適期は落葉直前の11月から萌芽直前の3月までです。根や枝の生育停止期に行うことで、植え傷みのリスクを低減できます。植えつけ時に必要なものは以下のとおりです。

鉢

素焼き鉢など素材が多彩ですが、安価で軽いプラスチック鉢がおすすめです。家庭では鉢の直径と高さが同じの普通鉢で、8～15号（直径24～45cm）程度のサイズがよいでしょう。

用土

庭土や畑土よりも市販の培養土が向いており「果樹・花木用の土」がベストです。入手できなければ、「野菜用の土」と「鹿沼土（小粒）」を7：3の割合で混ぜると適した配合になります。

鉢底石

鉢の底には必ず鉢底石を敷きましょう。水はけがよくなるほか、鉢の底から用土が抜け落ちるのを防ぐ効果も。

オベリスクなどの支柱

枝がつる状に伸びるので、オベリスクやフェンスなどの支柱が必須です。アサガオなどで用いるあんどん（10ページの実つき苗参照）は、キウイフルーツの太い枝には強度不足なので、オベリスクがおすすめです。

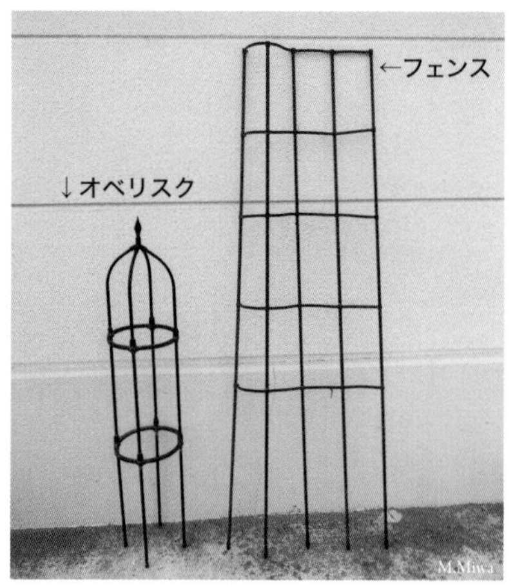

鉢への植えつけの手順

1 鉢底石と用土を入れる

雌木と雄木は必ず違う鉢に植える。水はけをよくして用土の漏れを防ぐ目的で、鉢の底に鉢底石を3㎝程度入れ、その上に22ページ記載の用土を加える。

2 根を埋める

写真のような素掘り苗の場合は根をよく広げ、ポット苗の場合は軽く根をほぐして用土を入れる。根の下に入れる用土の高さを調整して、根を埋める。

3 用土をなじませる

割りばしなどで用土をやさしく突き込んだり、鉢を軽くたたいたりして、根のすき間にも用土が入るようにする。つぎ木部分が埋まらないように注意（25ページ参照）。

4 水をやる

根が埋め終わったら水をたっぷりやる。水やりの際に水がたまるスペース（ウォータースペース）を3㎝程度は確保するのがポイント。

5 支柱を設置する

オベリスクやフェンスなどの支柱をしっかりと設置する。苗木の枝が支柱の間からうまく出るように調整するとよい。

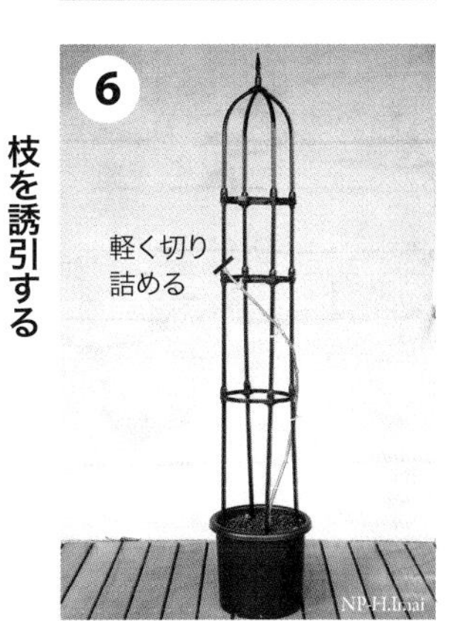

6 枝を誘引する

苗木の枝を支柱に固定し、軽く切り詰める。オベリスク仕立ての場合は、枝がらせん状になるように少し斜めに誘引すると株元付近からも新梢が発生しやすい。

庭への植えつけ

適期＝11月下旬〜3月上旬

植えつけの適期は11〜3月です。寒冷地では地面の凍結や積雪などがあると植え傷みしやすいので、3月以降の萌芽前に植えつけます。

植えつける場所

なるべく日当たりのよい場所を選んで植えつけます。水はけも重要で、水はけが悪い場所に植えつけると根の張りも悪くなり、大半の根が株元付近に集中して夏の乾燥に弱くなります。

土づくりのポイント

苗木の根が収まる最低限の穴を掘るのではなく、直径70cm、深さ50cm程度掘り上げて、今後根が伸びる部分の土を軟らかくします。掘り上げた土には腐葉土などの土壌改良材を混ぜ込み、さらに水はけをよくします。将来、木の骨格となる重要な枝が徒長するのを防ぐため、極端にやせた土地でなければ肥料を混ぜる必要はありません。

土壌酸度の調整

キウイフルーツは弱酸性（pH＝5.5〜6.0）の土を好みます。日本の土壌の大半がこの範囲に収まりますが、外れている地域もあるので、右写真のキットなどを使って土の酸度を測定すると安心です。

酸度を測定して数値が上記の範囲内にない場合は酸度を調整します。pHを上げる（中性やアルカリ性に近づける）には苦土石灰、pHを下げる（酸性に近づける）には硫黄粉末などを掘り上げた土に混ぜ込み、範囲内に収まるまで繰り返します。土壌酸度の調整は植えつけの1〜2か月前に行うのが理想的です。

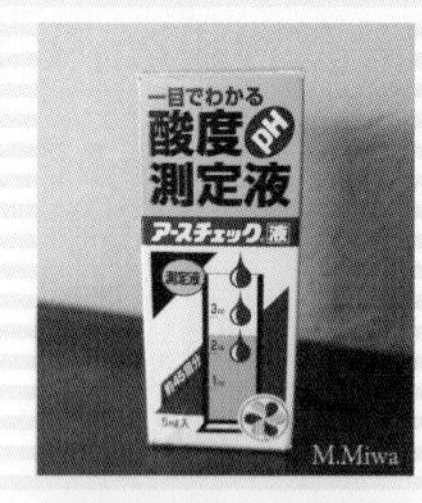

酸度測定を行える市販のキット。ほかにも土にさすタイプの土壌酸度計などもあるが、安価なものは精度が低い場合もある。

苦土石灰や硫黄粉末は、まずは100g程度入れて混ぜ込み、再び酸度を測定して様子を見るとよい。

庭への植えつけの手順

1 植え穴を掘る

棚などの支柱（26ページ参照）を設置したら、苗木を植える場所に直径70㎝、深さ50㎝程度の植え穴を掘る。広く深く掘ることで周囲の水はけがよくなる。

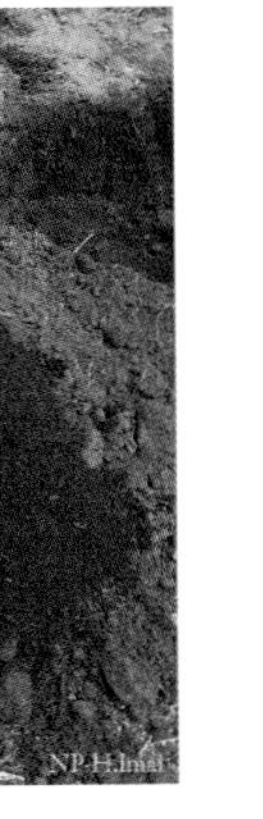

2 腐葉土を混ぜ込む

掘り返した土に腐葉土18ℓ程度を入れてよく混ぜ込む。このひと手間を加えることで水はけがさらによくなり、根の張りもよくなる。

3 根を埋める

苗木を植え穴に入れて根を広げ（素掘り苗の場合）、掘り返した土をかける。つぎ木部（株元のこぶ状の部分）より上の穂木の部分が土で埋まらないように心がける。

4 枝を誘引する

一文字仕立て（26ページ参照）の場合は、右写真のような仮の支柱を設置して誘引する。オールバック仕立ての場合は、設置した支柱の足の部分に誘引する。

5 枝を切り詰める

太くて充実した部位が先端になるように苗木の枝の先端を少し切り詰める。芽と芽の中間付近で切るとよい。

6 水をやる

水をたっぷりやって完成。その後、剪定（74〜83ページ参照）を行って木を理想的な状態に仕立てる。

仕立て

苗木を植えつけたのち、3月下旬以降に新梢が発生します。伸びた新梢は、さまざまな支柱に誘引し、冬には剪定をして理想的な木の形に整えます。この作業を仕立てといいます。キウイフルーツには主に下記の４つの仕立てが一般的ですが、なかでも家庭においては、庭植えでは棚仕立てのオールバック仕立て、鉢植えではオベリスク仕立てが向いているのでおすすめです。本書でもこれらの仕立てを中心に解説します。

棚仕立て　庭植え向き

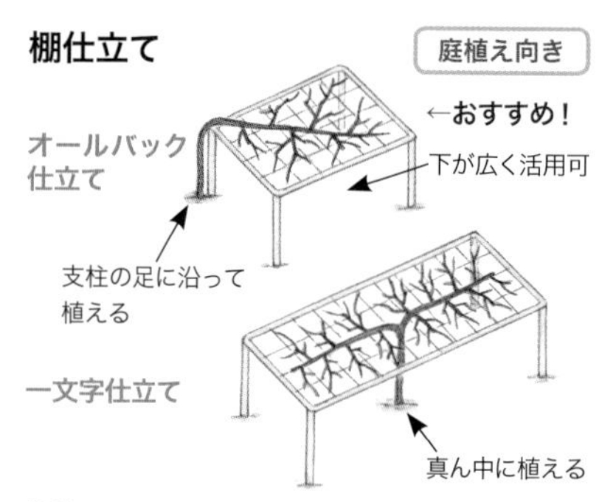

特性を最大限に生かし、収穫量が確保しやすい仕立て方。棚の下を広く活用できるオールバック仕立てが家庭ではおすすめ。棚の広さは3.2㎡程度はほしい（74～75ページ参照）。

オベリスク仕立て　鉢植え向き

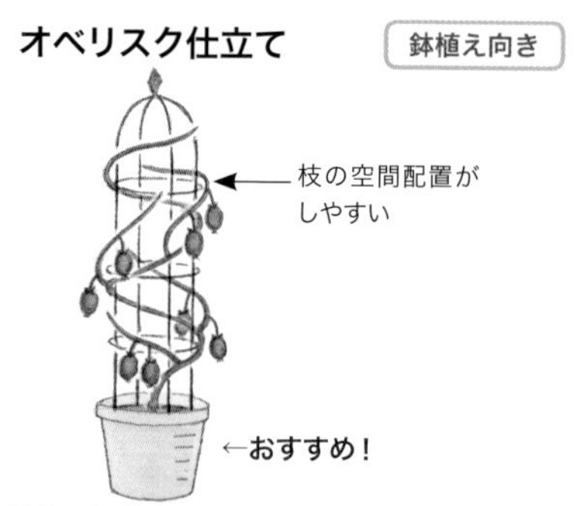

鉢植えに最も向いている仕立て方。植えつけの際に枝をらせん状に誘引するなど株元付近の枝を発生しやすくすれば、維持管理もしやすく見た目も美しく保ちやすい。

フェンス仕立て　庭植え・鉢植え向き

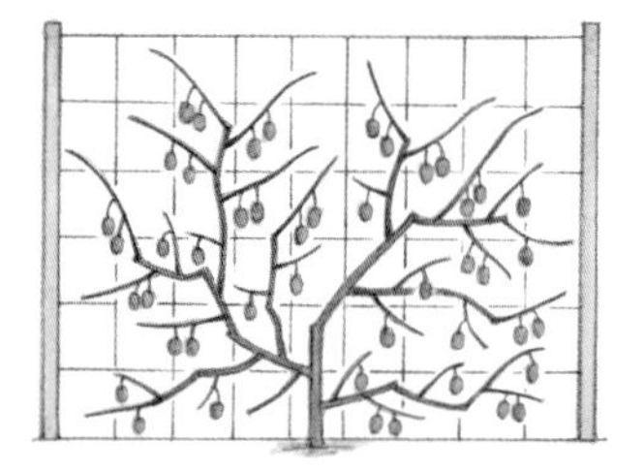

敷地の周囲などの平面空間を有効活用したい場合におすすめの仕立て方。ただし結実部位が年々上部に移動しやすいので、剪定に精通していないと長く枝を維持管理するのが難しく、初心者にはあまり推奨できない。

アーチ仕立て　庭植え・鉢植え向き

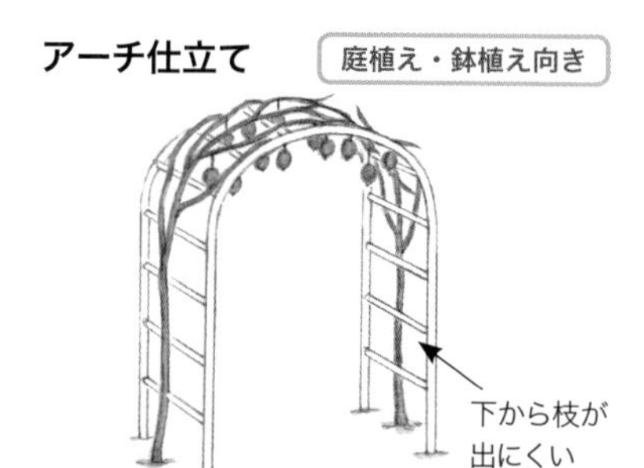

庭のアプローチなどの上に設置すると注目を浴びる仕立て方。植えつけから3年程度は美しく仕立てられるが、フェンス仕立てと同様に枝の維持管理が難しいので、上級者向けの仕立て方といえる。

12か月
栽培ナビ

主な管理と作業を月ごとにまとめました。
時期に応じた適切な管理と
ていねいな作業を心がけましょう。

キウイフルーツの生育過程

Kiwifruit

M.Miwa

キウイフルーツの年間の管理・作業暦

		1月	2月	3月	4月	5月
生育状態					新梢の伸長	新梢の伸長
					M.Miwa	開花
管理	置き場（鉢植え）	戸外など（−7℃以下の地域では注意）	戸外など（−7℃以下の地域では注意）	戸外など（−7℃以下の地域では注意）	日当たりのよい戸外	日当たりのよい戸外
	水やり（鉢植え）	7日に1回	7日に1回	3日に1回	3日に1回	2日に1回
	水やり（庭植え）	極端に乾燥しなければ不要	極端に乾燥しなければ不要	極端に乾燥しなければ不要	極端に乾燥しなければ不要	極端に乾燥しなければ不要
	肥料（鉢植え・庭植え）		春肥 ⟶ p37			
主な作業		植えつけ・植え替え（寒冷地では3月に）↓ p22～p25、p34～p35	植えつけ・植え替え（寒冷地では3月に）			摘蕾、人工授粉 p45～p47
				p43 ⟵	誘引	誘引
		剪定	剪定 ⟶ p71～p85			
		つぎ木（切りつぎ）↓ p31～p32		タネまき、さし木（休眠枝ざし）⟶ p40～p41		
		越冬病害虫の駆除	越冬病害虫の駆除 ⟶ p33			

関東地方以西基準

6月	7月	8月	9月	10月	11月	12月
新梢の伸長						落葉
果実肥大				肥大停止		
	花芽分化開始（翌シーズンに開花する花芽）					
日当たりのよい戸外						
	毎日			2日に1回	3日に1回	5日に1回
	降雨が14日間程度なければたっぷり			極端に乾燥しなければ不要		
夏肥→p49					秋肥→p65	
摘果・袋かけ p50～p51	台風対策→p57					植えつけ・植え替え
収穫 p66						
摘心、徒長枝の除去 p52						剪定
さし木（緑枝ざし）→p55				貯蔵、追熟 p67～p69		
捻枝、環状はく皮→p53～p54						防寒対策・越冬病害虫の駆除

M.Miwa

M.Miwa

January

1月

今月の管理

- 戸外など
- 鉢植えは乾いたらたっぷり。庭植えは不要
- 鉢植え・庭植えともに不要
- 越冬病害虫の駆除

基本　基本の作業
トライ　中級・上級者向けの作業
無農薬　無農薬・減農薬で育てるコツ

1月のキウイフルーツ

寒さが厳しくなり、管理する人間にとっては外に出るのがつらい時期ですが、キウイフルーツにとっては多くの作業が必要な忙しい時期を迎えます。

まずは枝が休眠しているうちに剪定しましょう。根の生育も緩慢なので、寒冷地以外では植えつけや植え替えも行えます。また、越冬している病害虫を一網打尽にできるチャンスなので、病害虫の越冬場所である落ち葉や枯れ枝を除去したり、マシン油乳剤の散布を検討します。

1月の風景　落葉後の棚の様子
10年程度育てた地植えの木。写真のように晴天で寒風が吹く状況は絶好の剪定日和といえる。

管理

鉢植えの場合

置き場：戸外など

寒冷地（−7℃を下回る）では、防寒対策（71ページ参照）を行うが、眠り症（92ページ参照）には注意。

水やり：鉢土の表面が乾いたら

7日に1回を目安に、鉢底から水が流れ出るまでたっぷり与えます。

肥料：不要

庭植えの場合

水やり：不要

肥料：不要

病害虫の防除

越冬病害虫の駆除

落ち葉や剪定枝、枯れ枝を処分することで、春以降の病害虫の発生を低減することができます。加えて、太い幹の表面をはがす粗皮削りについても行うとよいでしょう（33ページ参照）。

カイガラムシ類が発生している場合には次ページを参考にして防除します。

今月の主な作業

基本 植えつけ、植え替え
基本 剪定
トライ つぎ木

害虫　カイガラムシ類　注意度◯◯

冬は落葉して枝などについたカイガラムシ類（下写真）を見つけやすいので、効率的に防除できます。発生が少量の場合は、歯ブラシなどでこすり取りましょう。太い幹についている場合は粗皮削り（33ページ参照）をします。木の全体に取りきれないほど発生している場合は、12～1月にマシン油乳剤（キング95マシンなど）を1回散布すると効果的です。

果実に発生したクワシロカイガラムシ。円形の貝殻（白矢印）は雌。黄矢印は雄の繭。下写真のマシン油乳剤を散布すると効果的に防除できる。

園芸店などで入手可能なボトルタイプのマシン油乳剤。水に薄めて枝に散布すると、有効成分の機械油がカイガラムシ類の体に付着し、窒息死させられる。ほかの薬剤とは混用散布しない。

主な作業

基本 植えつけ、植え替え　無農薬

休眠期が適期。寒冷地では3月に

22～25、34～35ページを参照。

基本 剪定　無農薬

毎年必ず剪定する

今月は剪定の適期です。71～85ページを参考に剪定しましょう。

トライ つぎ木

台木に穂木をつぐ

40ページのタネまきでつくった台木につぎ木すると苗木をつくれます。ほかの雌木品種の枝をつげば1本の木で複数の品種の果実を収穫でき、雄木品種の枝をつげば雄木がなくても実つきがよくなります（32ページ参照）。

つぎ木は難易度が高く、単に枝と枝をくっつけただけでは失敗します。つぎ木を成功させる最大のポイントは、穂木（つぐ枝）と台木（つがれる枝）の形成層どうしをしっかりと合わせることです。また、作業を手早く行って切り口を乾燥させないことや、つぎ木部分をしっかりと固定することも重要です。

次ページでは、つぎ木のなかでも成功率の高い切りつぎを解説します。

◯◯◯注意度3：予防を心がけ、発生したら薬剤散布も視野に入れて対処する
◯◯注意度2：なるべく対処する　◯注意度1：特に気にしなくてもよい

つぎ木（切りつぎ）の手順　適期＝1月中旬～2月上旬

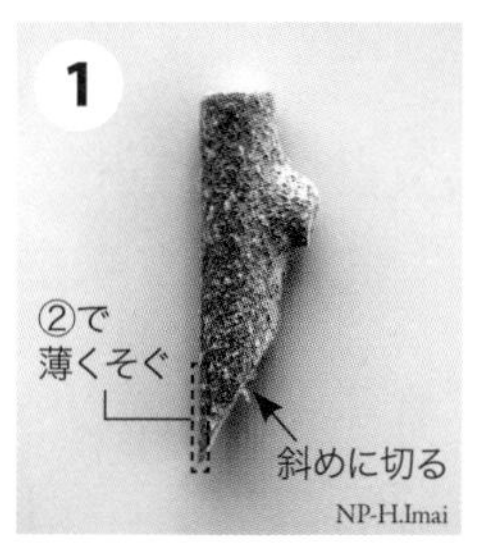

穂木の準備

穂木が1芽になるように切り詰め、基部側を斜めに削る。

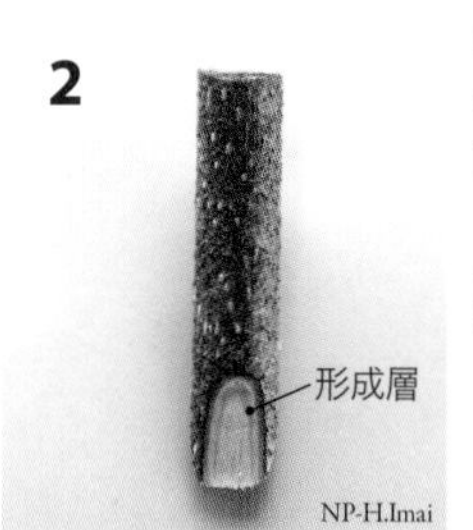

穂木の調整

①の芽の反対側の面は、形成層が見えるように薄くそぐ。あめ色をした部分が形成層。

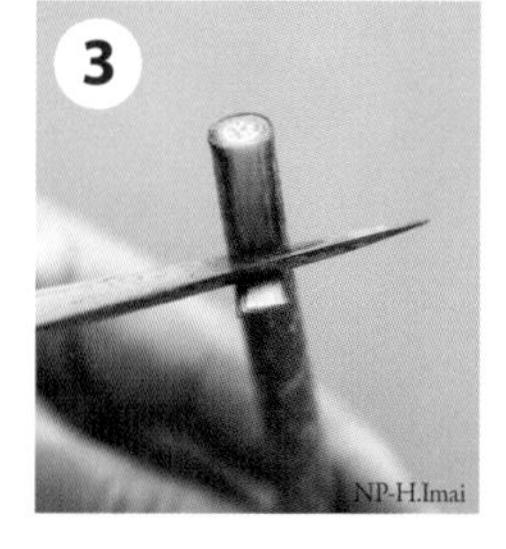

台木の準備

台木部分（下コラムの※）の枝を切り詰め、写真のように切り下げて、形成層（④のイラスト参照）を露出させる。

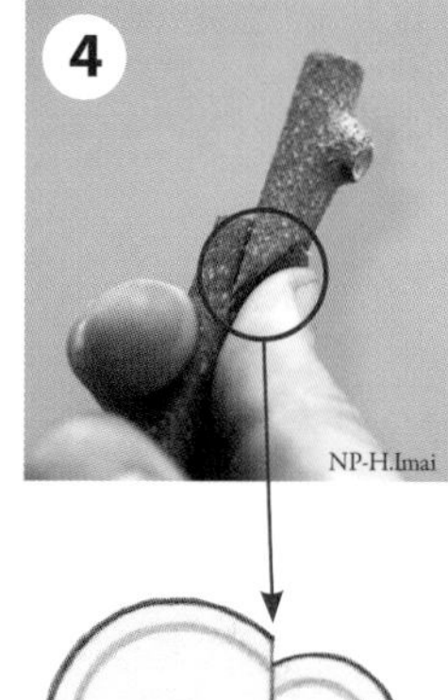

台木に穂木を固定

③で調整した台木に①で調整した穂木をさし込み、ビニールテープやつぎ木テープで固定する。この際、イラストのように片側の形成層はしっかりと合わせるのがポイント。

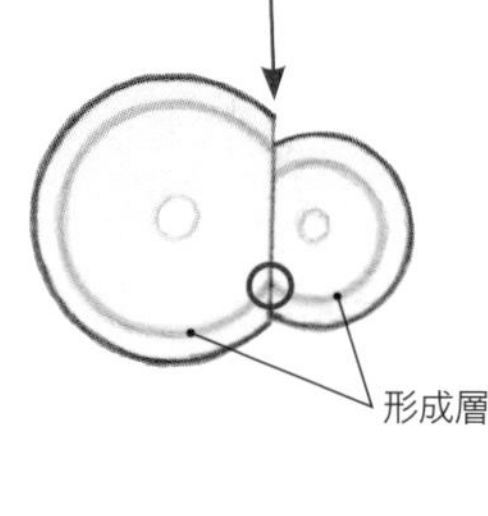

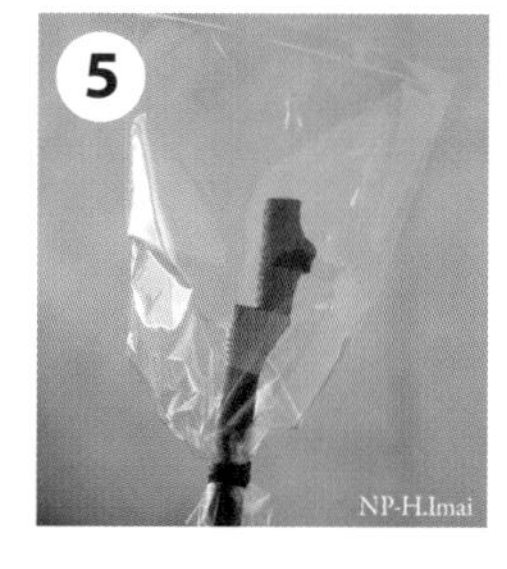

作業が終わったら

穂木や台木を乾燥から守るために小さなポリ袋をかぶせて固定する。4月ごろに萌芽したらポリ袋を外す。

Column

つぎ木すれば複数の品種が収穫できて雄木いらず

　右図のように、育てている雌木に異なる雌木品種の穂木をつぐと、１本の木で複数の品種が収穫できるメリットがあります。また、通常は植えつけ時に雌木と雄木をセットで植える必要がありますが（８ページ参照）、雌木に雄木の穂木をつぐことで、雄木を植えなくても実つきがよくなります。

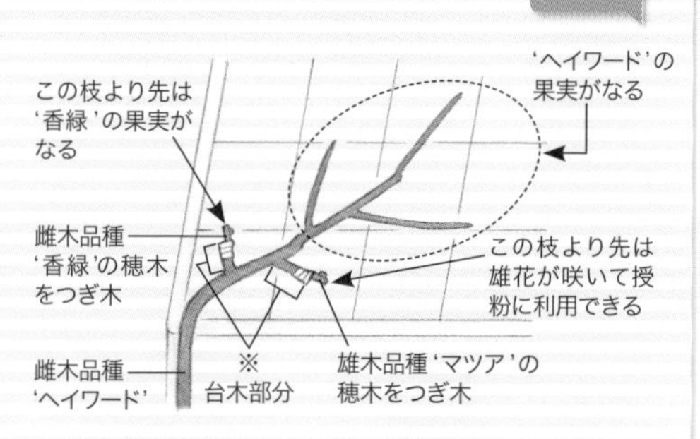

成木の雌木品種の‘ヘイワード’に雌木品種の‘香緑’や雄木品種の‘マツア’をつぎ木している様子。

越冬病害虫の駆除　適期＝12～2月

冬の間に以下の❶～❹を行い、キウイフルーツの枝や幹で越冬する病原菌や害虫の密度を低下させましょう。

❶ 落ち葉や剪定枝、枯れ枝の除去

病原菌や害虫は、落ち葉や剪定枝の下で越冬することがあるので、すべて落葉したあとに拾い集めて処分します。枯れ枝には、かいよう病（45ページ参照）などの病原菌が潜んでいるので、必ず切り取ります。

❷ 果梗の除去

収穫後の枝に残る果梗（果実の軸：右写真）には、果実軟腐病（63ページ参照）などの病原菌が高密度で残っているおそれがあるので、剪定後に切り取って処分します。取り残しがないか何度も確認しましょう。

❸ 粗皮削り

棚に仕立てた場合には、主幹（地際から棚面までの太い幹の部分）の樹皮表面に凹凸があり、カイガラムシ類やハマキムシ類などの格好の越冬場所になります。そこで、冬の間に首長ねじりガマ（右写真）などを使って、樹皮の表面（外樹皮）を削り取りましょう。

❹ マシン油乳剤の散布

上記❶～❸を行うことで越冬病害虫の密度を減らすことができますが、完全に駆除することは難しいです。特にカイガラムシ類が毎年のように発生して困る場合は、❶～❸を行ったあとにマシン油乳剤（31ページ参照）を散布すると高い防除効果が得られます。

12月下旬～1月にはすべての葉が落ちる。面倒でもすべて拾い集めて処分すると病害虫防除には非常に効果的。

剪定時に切り取った枝（剪定枝）は、拾い集めて束ねたのち、自治体のルールに従って処分する。

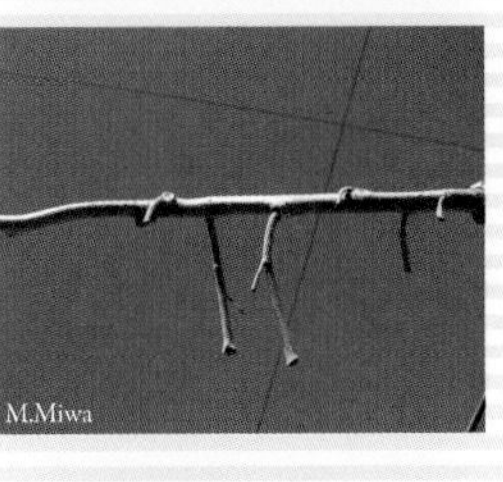

果梗は剪定時に枝を切り詰める位置を判断する目安となるので（79ページ参照）、剪定後に切り取るとよい。

草刈りなどに使う首長ねじりガマなどを使って、灰色の樹皮の表面を削り取る。

マシン油乳剤は有機農産物（有機JAS）でも使用が認められており、プロの農家だけでなく、家庭での使用例も多い。

基本 植え替え 無農薬

適期＝11月下旬〜3月上旬

植え替えの目的とタイミング

苗木を鉢に植えつけてから数年たつと鉢の中が古い根でいっぱいになります。根が伸びるスペースがなくなって新しい根の割合が少なくなると、いくら水やりや施肥をしても吸収できず、枝葉の伸びが悪くなったり、葉の色が薄くなって株全体が弱ります（根詰まり）。そこで、2〜3年に1回を目安に植え替えましょう。ただし、右写真のような状態は株が傷む一歩手前だといえるので、どちらかに当てはまる場合には、植え替え後の年数にかかわらず、適期の11〜3月に植え替えます。

植え替えの2つのサイン

1.
水がしみ込みにくい
水やりをしても水が1分以上しみ込まない場合は、根詰まりしている可能性が高い。

2.
鉢底から根が出ている
根詰まりしているため、水や酸素を求めて根が鉢外に飛び出ている可能性が高い。

植え替えの方法Ⓐ
一回り大きな鉢に植え替える方法

植え替えの方法は2つに大別できます。鉢植え栽培をスタートして数年以内の若い株で、植え替え時に一回り大きな鉢に植え替える場合は、22〜23ページの植えつけと同様の方法（鉢増し）で植え替えます。

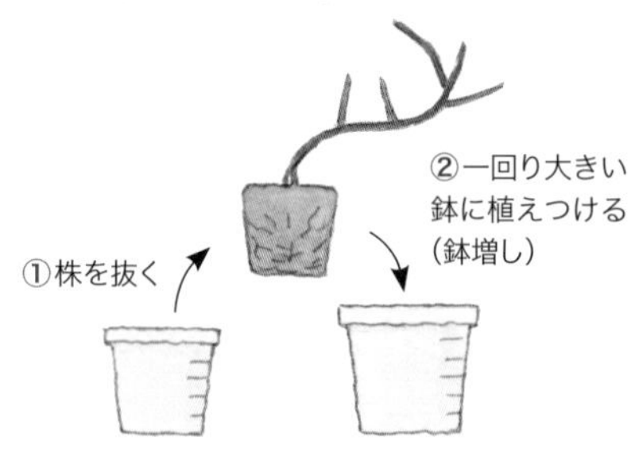

植え替えの方法Ⓐの概要（22〜23ページ参照）。

植え替えの方法Ⓑ
同じ鉢に植え替える方法

左記Ⓐの植え替えを繰り返すと、だんだん鉢が大きくなっていずれ困ります。このようにして鉢のサイズを大きくできなくなった場合でも植え替えして、新しい根が伸びるスペースを確保しなければなりません。鉢のサイズを大きくしたくない場合は、次ページの方法で同じ鉢に新しい用土で植え替えます。

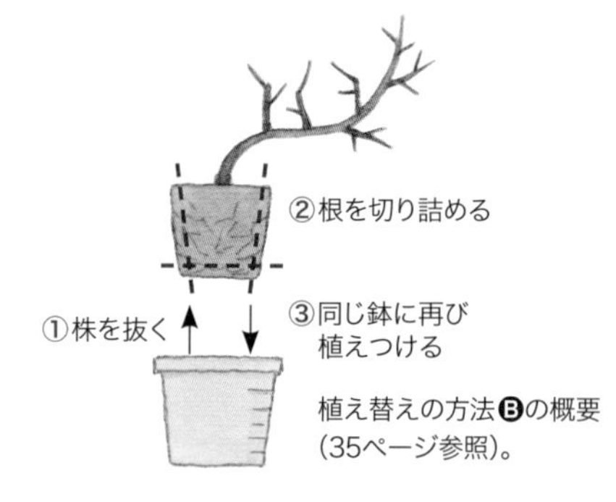

植え替えの方法Ⓑの概要（35ページ参照）。

植え替えの方法Ⓑ　同じ鉢に植え替える方法

鉢から株を抜く

鉢の底から根が出ていたら切り取り、鉢をたたきながら株を引き抜く。その後、底面にある鉢底石を可能なかぎり取り除く。

根鉢の底を切る

株を横に倒し、ノコギリを使って根鉢の底の部分の古い根を古い用土と一緒に3cm程度切り詰める。適期に適切な量を切れば株が傷むことはない。

根鉢の側面を切る

株を起こし、根鉢の側面の周囲も3cm程度、ノコギリを使って何回かに分けて切る。この際、コガネムシ類の幼虫（39ページ参照）がいないか確認し、いたら取り除く。

同じ鉢に植え戻す

根鉢を切り詰めたら、今まで使っていた鉢に新しい鉢底石と用土（22ページ参照）で植え替える。23ページの②と同じ要領で植える高さを調整する。

用土をなじませる

株を鉢の中央に置き、用土を入れて根を埋める。割りばしをやさしく突き込むなどの工夫をして、根と鉢の間の空間に用土がすき間なく入るようにする。

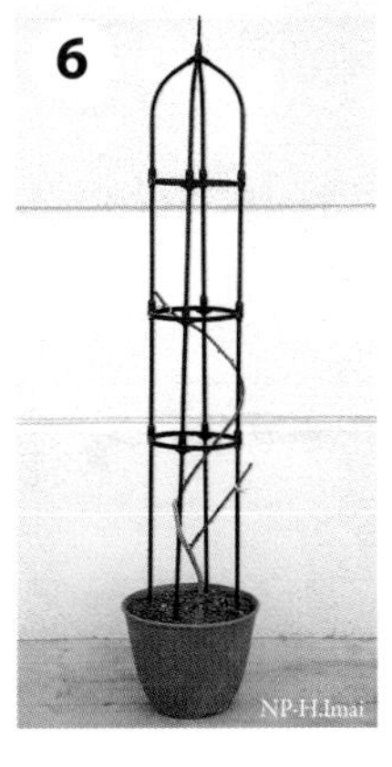

支柱に誘引する

オベリスクなどの支柱を設置し、枝を誘引したのちに水をたっぷりとやる。水やりして用土が陥没するようなら用土を追加する。

February

2月

今月の管理

- 戸外など
- 鉢植えは乾いたらたっぷり。庭植えは不要
- 鉢植え・庭植えともに施す
- 越冬病害虫の駆除

基本 基本の作業
トライ 中級・上級者向けの作業
無農薬 無農薬・減農薬で育てるコツ

2月のキウイフルーツ

立春を迎えると暦の上では春ですが、1年で最も寒さが厳しい時期が続きます。先月に引き続き、剪定や植えつけ、植え替えのほか、越冬害虫の駆除といった作業を行います。翌月以降に根が本格的に活動を開始するので、それに先駆けて忘れずに春肥を施しましょう。

つぎ木の適期を迎えます。苗木を自分でつくりたい場合や、1本の木で複数の品種を収穫したい場合は、難しい作業ですがチャレンジします。

M.Miwa

2月の風景　雪景色

－7℃を下回ると木が枯れるおそれがあるので寒冷地では防寒対策が必要。剪定は、降雪や積雪に関係なく行ってもよい。

管理

鉢植えの場合

置き場：戸外など

－7℃を下回らない場所へ。

水やり：鉢土の表面が乾いたら

7日に1回を目安に、鉢底から水が流れ出るまでたっぷり与えます。

肥料：春肥を施す

37ページを参照。

庭植えの場合

水やり：不要

肥料：春肥を施す

37ページを参照。

病害虫の防除

越冬病害虫の駆除

33ページを参考にして、越冬中の病害虫を駆除します。寒さがゆるんだ萌芽直前や萌芽後にマシン油乳剤を散布すると、春に新たに伸びる枝（新梢）についた葉が縮れるなどの症状（薬害）が発生するおそれがあるので、遅くとも2月上旬までに散布を終わらせましょう。

今月の主な作業

- 基本 植えつけ、植え替え
- 基本 剪定
- トライ つぎ木

春肥（元肥・芽出し肥）

適期＝2月

2月に春肥を施します。1年間の生育のために必要な養分の大半を補う肥料なので元肥と呼ばれるとともに、萌芽に備えて春に施す肥料なので、芽出し肥とも呼ばれます。

どのような種類の肥料を施してもよいですが、春肥ではチッ素、リン酸、カリウムとともに微量要素も含まれ、物理性の改善も期待できる有機質肥料がおすすめです。本書では臭いなども少なく、入手しやすくて施しやすい油かすの施肥量を紹介します（下表）。

春肥の施肥量の目安（油かす*1を施す場合）

	鉢や木の大きさ		施肥量 *2
鉢植え	鉢の大きさ（号数*3）	8号	20g
		10号	30g
		15号	60g
庭植え	樹冠直径*4	1m未満	130g
		2m	520g
		3m	1170g

＊1：ほかの有機質肥料が混ざっていればなおよい
＊2：一握り30g、一つまみ3gを目安に
＊3：8号は直径24cm、10号は直径30cm、15号は直径45cm
＊4：94〜95ページ参照

主な作業

基本 植えつけ

休眠期が適期、寒冷地では3月に

22〜25ページを参照して植えつけます。夜温が－7℃を下回るようになるような寒冷地で庭植えにする場合は、寒さで弱るおそれがあるので、3月以降の寒さがゆるんだ時期に行います。

基本 剪定 無農薬

71〜85ページを参照

樹液が枝の中を盛んに流れる萌芽後に剪定すると切り口がふさがりにくく、枯れ込みが入るおそれがあります。剪定は2月末までには終わらせましょう。

トライ つぎ木

31〜32ページを参照

剪定と同様に樹液が枝の中を盛んに流れる萌芽後には成功しにくいので、なるべく2月上旬ごろまでには終わらせます。

基本 植え替え 無農薬

根詰まりする前に植え替え

鉢植えは34〜35ページを参考に植え替えます。2〜3年に1回が目安ですが、植え替えの2つのサイン（34ページ参照）のどちらかに当てはまる場合には、年数にかかわらず植え替えます。

March

3月

今月の管理

- 日当たりのよい戸外など
- 鉢植えは乾いたらたっぷり。庭植えは不要
- 鉢植え・庭植えともに不要
- 越冬病害虫の駆除

基本 基本の作業
トライ 中級・上級者向けの作業
無農薬 無農薬・減農薬で育てるコツ

3月のキウイフルーツ

日を重ねるごとに着実に寒さがゆるんでいきます。12〜2月に低温にさらされた3月の木は、自発休眠（70ページ参照）が覚めて気温さえ上昇すれば萌芽する他発休眠の状態に切り替わり、樹液が木の中を盛んに流れるようになります。

3月以降に剪定すると、切り口から樹液がこぼれることもあるので（71ページ参照）、剪定は2月末までに行うのが基本ですが、もし終わっていなければ直ちに完了させます。

3月の風景　萌芽
赤色系品種は早ければ下旬ごろには萌芽する。赤色系品種は緑色系品種よりも新梢の発生数が多い一方で、新梢の長さは短い。

管理

鉢植えの場合

置き場：戸外など

戸外でよいが、寒冷地（−7℃を下回る地域）や遅霜が降りる場合は注意。

水やり：鉢土の表面が乾いたら

3日に1回を目安に、鉢底から水が流れ出るまでたっぷり与えます。

肥料：不要

庭植えの場合

水やり：不要

肥料：不要

病害虫の防除

越冬病害虫の駆除

33ページの越冬病害虫の駆除は2月までに終わらせるのが基本ですが、終わっていなければ早めに完了させます。その際、気温が上昇して左写真のようにふくらみ始めた芽は取れやすいので、作業時に触らないよう注意しましょう。新梢が傷む薬害が発生するおそれがあるので、今月以降にマシン油乳剤（31ページ）は散布しません。

今月の主な作業

- 基本 植えつけ、植え替え
- トライ タネまき
- トライ さし木（休眠枝ざし）

主な作業

基本 植えつけ

22 ～ 25 ページを参照

萌芽後には根が盛んに吸水するようになり、植えつけるとその衝撃で根が傷んで株が弱る可能性があります。そのため、植えつけは萌芽前に終わらせましょう。寒冷地の庭植えでは、雪が解けてから植えつけます。

基本 植え替え 無農薬

コガネムシ類の幼虫駆除も重要

上記の植えつけ同様、植え替え（34 ～ 35 ページ参照）も萌芽前に終わらせます。植え替えは新しい根が伸びるスペースを確保し、用土を入れ替えて物理性や化学性を改善することが主な目的ですが、コガネムシ類の幼虫（下写真）を取り除くことも重要です。

鉢から株を抜き、根鉢の表面付近を少しほぐして、コガネムシ類の幼虫が潜んでいないか確認する。

トライ タネまき

保存しておいた種子をまく

40 ページを参照。

トライ さし木（休眠枝ざし）

保存しておいた穂木をさしてふやす

41 ページを参照。

Column

萌芽直後の新梢に注意

萌芽直後の新梢は折れやすく注意が必要です。上向きに伸びる新梢は特に折れやすいので、無理に誘引（43 ページ参照）しないで長さが 20cm 以上になるまで待つとよいでしょう。ただし長い新梢は風にあおられて折れることもあるので、誘引が遅れすぎるのもよくありません。

誘引時に折れてしまった新梢。

トライ タネまき

適期＝3月

種子（タネ）をまいて得られた苗木を植えつけると収穫までに8年程度かかります。また、得られた苗木は雌木、雄木のどちらにもなる可能性があり、開花するまで雌雄どちらなのかは区別ができません。そのため、果実を収穫する目的の場合はさし木やつぎ木で苗木をつくるか、市販の苗木を購入したほうがよいでしょう。

一方、タネまきをすることで観察用や観賞用として楽しめるほか、つぎ木の際の台木（32ページ参照）として利用できます。ぜひチャレンジしてみましょう。成功のポイントは、あらかじめ種子を冷蔵庫などで貯蔵し、一定期間の低温に当てて休眠を覚ましてからまくことです（69ページ参照）。用土はタネまき用の培養土などを使います。

タネまきの手順

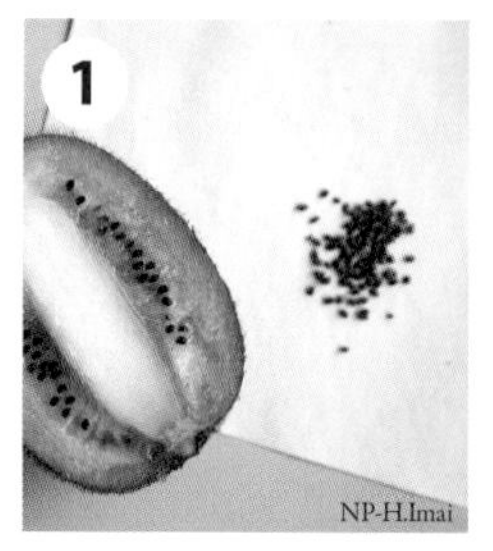

種子を冷蔵する

種子は69ページのように果実から採取して、冷蔵庫などに入れて低温処理したものを使用する。

種子をまく

庭などに直接まくよりは鉢にまいたほうがその後の管理がしやすい。用土はタネまき用の培養土などに水をまいてから使用する。

用土をかぶせる

ポットに複数の種子をまく場合はなるべく間隔をあけ、軽く用土をかぶせる。日当たりのよい戸外に置き、用土が乾く前に水をやる。写真はタネまき2週間後。

ポット上げする

タネまき1か月後の様子。これくらいまで生育したら、1個体1ポットになるようにポット上げするとよい。

支柱を設置する

タネまき4か月後の様子。これくらいの樹高になったら、支柱などを設置して誘引するとよい。

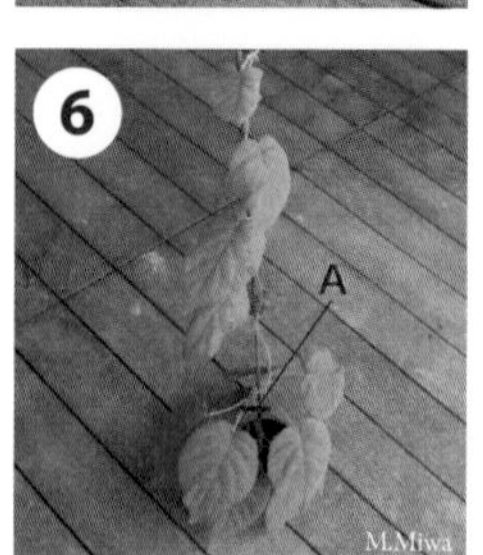

完成

タネまき9か月後の様子。つぎ木の際に台木として利用する場合は、落葉後の1～2月に地際から5cm程度の高さ（写真のA）で切り詰めて穂木をつぐ。

トライ さし木（休眠枝ざし）

適期＝3月

剪定時に切り取って保存した枝をさすのが休眠枝ざしです。適期が6月ごろの緑枝ざし（55ページ参照）よりも簡単で成功率も高いので、気軽に挑戦しましょう。定期的に水やりしてさし床を乾燥させないのが成功のポイントです。

さし木（休眠枝ざし）の手順

1 さし穂を冷蔵する

さし木に使う枝（さし穂）は、さし木の適期の3月に採取するのではなく、12〜2月の剪定時にポリ袋に入れ、冷蔵庫で保存しておくとよい。

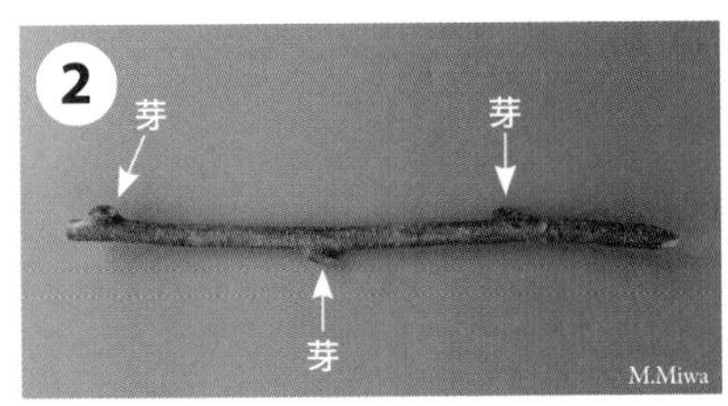

2 さし穂を切り分ける

保存しておいたさし穂をポリ袋から取り出し、さし穂1本当たり3芽（節）になるように切り詰める。

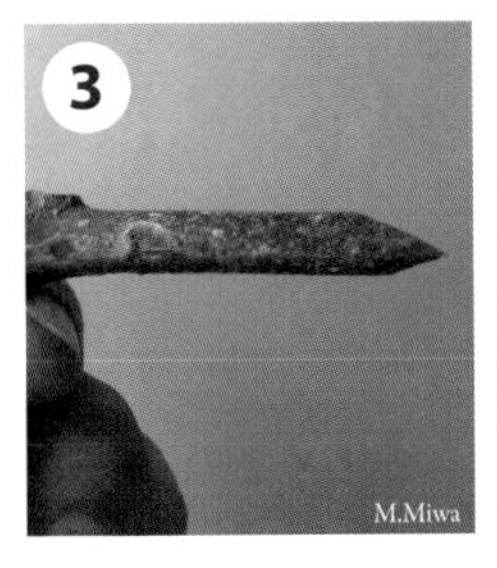

3 さし口を整える

さし穂のさす側の先端（さし口）が、写真のようにくさび形になるようにカッターナイフなどで切って整える。

4 水あげする

コップなどに水を入れ、さし口を2時間程度つけて水あげする。

5 発根促進材を塗る

さし口に市販の発根促進剤（商品名:ルートンなど）を塗る。

6 さし床の準備

用土は鹿沼土細粒などを使用する。さし口が傷まないように、割りばしなどの棒を使ってさし床に軽く穴をあけておくとよい。

7 さし穂をさす

水をたっぷりやったさし床に、さし穂が1芽分埋まるようにさして完成。12月に鉢上げするまではさし穂には触らない。

April

4月

今月の管理

- 日当たりのよい戸外
- 鉢植えは乾いたらたっぷり。庭植えは不要
- 鉢植え・庭植えともに不要
- 予防のための薬剤散布

基本　基本の作業
トライ　中級・上級者向けの作業
無農薬　無農薬・減農薬で育てるコツ

4月のキウイフルーツ

どの品種でも本格的に萌芽を開始し、茶色の枝1本当たり2～6本程度の新梢が発生します。中・下旬ごろになると花蕾の形がわかる状態にまで生育します。今月以降は新梢が盛んに伸びるので、9月ごろまでは定期的に誘引をして新梢を支柱などにバランスよく配置します。

落ち葉拾いや剪定などを徹底しても、かいよう病などの病気が多発するようなら、今月から予防のための殺菌剤の散布を検討します。

4月の風景　新梢の伸長
茶色の枝（休眠枝、結果母枝）から伸びる黄緑色の枝を新梢という。新梢には花や果実がつくので、結果枝ともいう。

管理

鉢植えの場合

置き場：日当たりのよい戸外
萌芽したあとは日当たりのよい場所に置き、日光によく当てます。遅霜が予想される場合には、事前に対処します。

水やり：鉢土の表面が乾いたら
2日に1回を目安に、鉢底から水が流れ出るまでたっぷり与えます。

肥料：不要

庭植えの場合

水やり：不要

肥料：不要

病害虫の防除

予防のための薬剤散布
かいよう病や花腐細菌病（45、88ページ参照）で困っている場合には、冬に越冬病害虫の駆除（33ページ参照）をして予防しつつ、被害が出たら初期段階で被害部を取り除きます。毎年のように多発する場合には、アグレプト水和剤などの殺菌剤を4月と5月に散布して予防します。

今月の主な作業

基本 誘引

主な作業

基本 誘引　適期＝4〜9月　無農薬

支柱に新梢を固定する

棚やオベリスクなどの支柱に新梢を固定する作業を誘引といいます。新梢がつる状に伸びるキウイフルーツでは、風通しや日当たりをよくし、見た目を美しく保つためには必須の作業です。50〜70cm程度の間隔で、新梢が伸びしだい行います。

新梢と支柱にひもを巻きつけて8の字に結ぶとずれにくく、新梢が太くなっても締まりすぎない。

棚仕立ての誘引

放任すると新梢が真上に向かって伸びることも。

周囲の枝と交差しないように注意し、ひもで固定。

オベリスク仕立ての誘引

四方に新梢が伸びると日当たりや風通し、見た目が悪くなる。

誘引して日当たりや風通し、見た目をよくする。4〜9月は継続して誘引する。

May

5月

今月の管理

- 日当たりのよい戸外の軒下
- 鉢植えは乾いたらたっぷり。庭植えは不要
- 鉢植え・庭植えともに不要
- 予防のための薬剤散布

基本　基本の作業
トライ　中級・上級者向けの作業
無農薬　無農薬・減農薬で育てるコツ

5月のキウイフルーツ

先月よりも新梢が盛んに伸びるので、誘引に力を入れましょう。日当たりや風通しのほか、見た目をよくするためには必須の作業です。花蕾が1か所で3個に分かれたら摘蕾の適期です。1か所1個になるように間引いて養分ロスを抑えます。

今月は開花が最重要イベントです。ミツバチなどの昆虫が受粉してくれることもありますが、その効果は天候などに左右されて不安定なので、必ず人工授粉をしましょう。

5月の風景　雌花とセイヨウミツバチ
花蜜はほぼないが花粉が豊富なので、ミツバチは花粉団子にして巣箱に持ち帰る。

管理

鉢植えの場合

置き場：日当たりのよい戸外の軒下

日光が当たる軒下で雨を避けます。

水やり：鉢土の表面が乾いたら

２日に１回を目安に、鉢底から水が流れ出るまでたっぷり与えます。

肥料：不要

庭植えの場合

水やり：不要

肥料：不要

病害虫の防除

予防のための薬剤散布

かいよう病や花腐細菌病の予防用殺菌剤であるアグレプト水和剤の２回目の散布適期です。果実軟腐病（トップジンＭ水和剤）や灰色かび病（ロブラール水和剤）が収穫後に手に負えないほど発生する場合にも予防散布します。

開花期の５月はミツバチなどといった受粉を助ける昆虫が多く訪花するので、殺虫剤の散布はなるべく控えます。

今月の主な作業

基本 誘引
基本 人工授粉
トライ 摘蕾

病気　かいよう病　注意度 ◎◎◎

細菌が原因となる病気で、近年発生例が増加中。葉に黄色や褐色の斑点が発生し、早期落葉を促します。早春には剪定の切り痕や芽の周囲から黄白色の粘質液が漏れ出ることもあり、木の一部もしくは全体が枯れます。

なるべく発生初期に見つけて、患部を取り除くことが重要。使った剪定バサミやノコギリの洗浄・殺菌も必要。薬剤散布も効果的。

病気　花腐細菌病　注意度 ◎◎

雌花の雌しべの周囲が黒く変色するのが特徴。ひどいと落花するほか、残って果実になっても果実に縦の筋が入ります。置き場を軒下などにすると発生しにくいほか、薬剤散布も効果的。

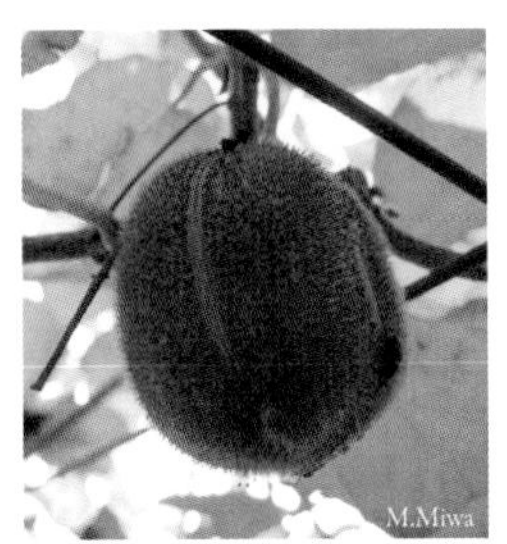

写真上は開花時の被害状況。写真左は果実の被害状況。

主な作業

基本 誘引、人工授粉

新梢を固定し、花粉をつける

43、46～47ページを参照。

トライ 摘蕾

花蕾を１個に減らす

１か所に１～３個の花蕾がつきますが、養分ロスを防ぐために１個に間引きましょう。収穫果が大きく甘くなるほか、６月の摘果の手間が省けます。

真ん中の１個は中心花、ほかの２個は側花といいます。中心花は側花に比べて開花時期が早く、大きくて品質のよい果実になるので、すべての側花を手で摘み取ります。また、つけ根に葉がない花蕾もすべて摘み取ります。１新梢当たり２～６個の花蕾を残します。

摘蕾の様子。中心花（赤丸）を残して、側花（赤線）やつけ根に葉がない花蕾（黄丸）を摘み取る。

◎◎◎注意度３：予防を心がけ、発生したら薬剤散布も視野に入れて対処する
◎◎注意度２：なるべく対処する　◎注意度１：特に気にしなくてもよい

基本 人工授粉

適期＝５月

キウイフルーツは雌木と雄木の区別があり、雌花と雄花が物理的に離れて咲くので、人工授粉をすると実つきが格段によくなり果実品質も向上します。鉢植えや2m四方程度の小さな棚など、授粉する花の数が比較的少ない場合は、気軽にできる人工授粉❶「雄花を雌花にこすりつける」がおすすめです。栽培規模が大きい場合や雌花と雄花の開花時期がずれる場合（47ページ参照）は、人工授粉❷「花粉を取り出して絵筆などで授粉」にチャレンジしましょう。同じ木のなかでも雌花の開花時期の早晩があるので、人工授粉は３回程度に分けて行います。

人工授粉❶「雄花を雌花にこすりつける」

まずは、下コラムのｅ～ｆ（花粉が出ている状態）の雄花を摘み取り、ポリ袋などに集めます（47ページ①参照）。集めた雄花の先端（雄しべ）をＤ～Ｅの状態の雌花の雌しべの先端（柱頭）にこすりつければ人工授粉は完成です。

1個の雄花で10個程度の雌花を人工授粉できる。雌しべの全体に花粉をしっかりつけると、種子数がふえて果実のサイズや品質がよくなる。

Column

人工授粉に適した花の状態

人工授粉❶、❷のどちらの方法でも、雌花は花弁が開いたＤから満開のＥまでの状態が授粉に適しています。雄花は人工授粉❶では、満開になって葯（やく）から花粉が出てからその３日後までのｅ～ｆが適しています。人工授粉❷では、花粉が出ていない葯が必要なので、ｃ～ｄの状態の雄花を摘み取ります。

→人工授粉❶、❷のどちらにも向く

→人工授粉❶に向く

→人工授粉❷に向く

A,a：満開7日前
B,b：満開5日前
C,c：満開3日前
D,d：満開1日前
E,e：満開時
F,f ：満開3日後
G,g：満開7日後

人工授粉❷「花粉を取り出して絵筆などで授粉」

人工授粉する雌花が多い場合は、雄花から花粉を取り出して授粉しましょう。

プロの農家では、花粉の増量や目印の目的で石松子（着色したヒカゲノカズラの胞子）を花粉に加えます。家庭でも入手可能なら人工授粉直前の花粉に5倍程度の石松子を加えてもよいでしょう。

46ページのc～dの状態の雄花を摘み取り、ポリ袋などに入れて集める。長期間ポリ袋に入れたままにすると蒸れて花粉がぬれるので注意。

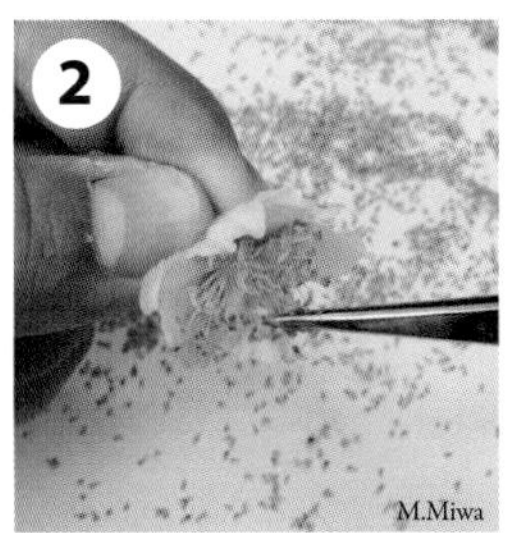

室内に持ち帰り、ピンセットを使って雄花の雄しべの先端にある葯を紙の上に取り出す。

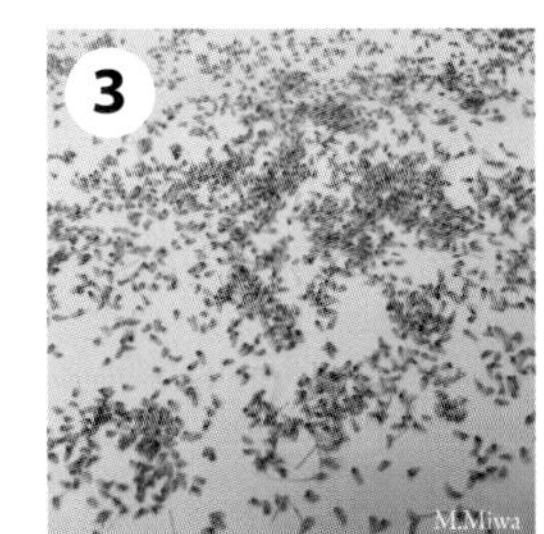

葯を均等に広げて6時間程度放置すると、葯が反転して中から花粉が出る。プロの農家ではふるいにかけて花粉だけにして使用するが、家庭ではそのまま使用してよい。

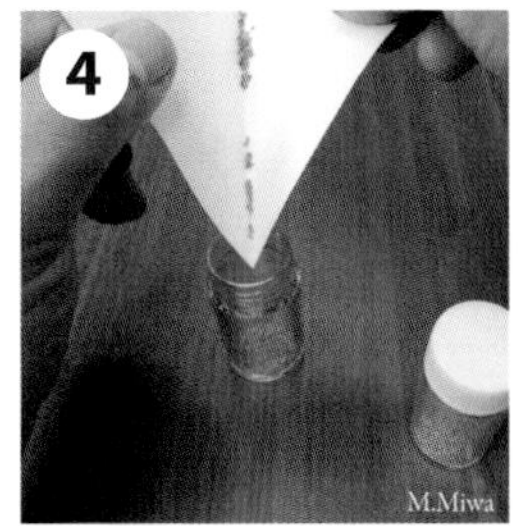

ふたつきの瓶などに花粉を葯ごと回収する。人工授粉が複数回に分かれることや下コラムの冷凍保存なども考慮すると、花粉は複数の入れ物に少しずつ分けたほうがよい。

5倍程度の量の石松子（下）を花粉に加えてもよい。絵筆を使って花粉を（葯ごと）雌花の雌しべにつける。花粉がぬれたり常温で放置すると発芽能力が落ちるので注意。

Column

雌花と雄花の開花時期がずれる場合は？

雌花と雄花の開花時期がずれてしまう場合は、上記の④で花粉を回収した瓶を冷凍庫に入れて保存するとよいでしょう。未使用の乾燥花粉はうまく保存すると1年間程度もつので、翌年の人工授粉にも使えます。

冷凍庫から出した瓶をすぐに開けると、結露して中の花粉がぬれて発芽率が激減する。常温になってから開けて使用するとよい。

June

6月

今月の管理

- 日当たりのよい戸外の軒下
- 鉢植えは乾いたらたっぷり。庭植えは不要
- 鉢植え・庭植えともに施す
- 薬剤散布と捕殺

基本 基本の作業
トライ 中級・上級者向けの作業
無農薬 無農薬・減農薬で育てるコツ

6月のキウイフルーツ

今月はやるべき作業がたくさんありますが、最も重要なのが摘果です。一般に人工授粉さえすればたくさん結実するので、新梢1本当たり0～3果になるように肥大中の果実を間引きます。毎年のように病害虫に困っている場合は、摘果後に残した果実に果実袋をかぶせるとよいでしょう。

ほかにも摘心や徒長枝（伸びすぎた新梢）の除去、捻枝、環状はく皮、さし木、病害虫対策など、多くの管理作業を行う必要があります。

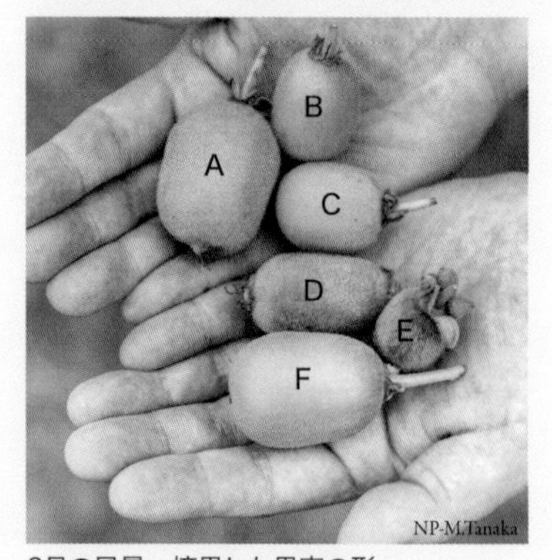

6月の風景　摘果した果実の形
A：ゴールデンキング、B：紅妃、C：イエロージョイ、D：香緑、E：ヘイワード、F：レインボーレッド

管理

鉢植えの場合

置き場：日当たりのよい戸外の軒下

日光が当たる軒下で雨を避けます。

水やり：鉢土の表面が乾いたら

2日に1回を目安に、鉢底から水が流れ出るまでたっぷり与えます。

肥料：夏肥を施す

庭植えの場合

水やり：不要

肥料：夏肥を施す

病害虫の防除

薬剤散布と捕殺

病気では、果実軟腐病には5月と異なる種類の殺菌剤のGFベンレート水和剤などを予防のために散布します。害虫ではカメムシ類やキウイヒメヨコバイにはベニカ水溶剤、ハマキムシ類やスカシバ類にはフェニックスフロアブルなどを散布します。コガネムシ類の成虫が葉を網目状に食べる場合には、登録のある薬剤が見当たらないので見つけしだい捕殺します。

今月の主な作業

- 基本 誘引
- 基本 摘果
- トライ 袋かけ
- 基本 摘心、徒長枝の除去
- トライ 捻枝、環状はく皮、さし木

病気　枝枯病（えだかれ）　注意度 ○○○

新梢の一部が枯れ、ひどいと枯死する厄介な病気。老木で発生しやすく、摘果や剪定をして木を健全に育てることが最大の防除方法といえます。近年、枝枯病菌と果実軟腐病菌との類似性も指摘されており、果実軟腐病の予防を行うことで、結果的に枝枯病の予防にもつながることが期待できます。

感染拡大を防止するため、枯れた部分は直ちに切り取る。

夏肥（なつごえ）（追肥（ついひ）・玉肥（たまごえ））

適期＝6月

春に施した肥料の効果が弱まる時期に、追加の肥料として施すので追肥ともいいます。果実（玉）の肥大が盛んな時期に施すので、玉肥とも呼ばれます。チッ素、リン酸、カリウムが同程度含まれている肥料であれば種類は問いませんが、本書では化成肥料（N-P-K＝8-8-8）を用いた施肥量を紹介します。

主な作業

基本 誘引 無農薬

新梢を支柱に固定する

新梢が伸びたらそのつど、支柱に固定する。43ページを参照。

基本 摘果　トライ 袋かけ 無農薬

果実を間引き、果実袋をかぶせる

摘果は特に重要な作業なので、忘れずに行う。 50～51ページを参照。

基本 摘心、徒長枝の除去 無農薬

新梢を切り詰め、徒長枝を切り取る

52ページを参照。

トライ 捻枝（ねんし）、環状はく皮、さし木

レベルアップの作業に挑戦する

53～55ページを参照。

夏肥の施肥量の目安（化成肥料＊1を施す場合）

	鉢や木の大きさ		施肥量＊2
鉢植え	鉢の大きさ（号数＊3）	8号	10g
		10号	15g
		15号	30g
庭植え	樹冠直径＊4	1m未満	30g
		2m	120g
		3m	270g

＊1：化成肥料はN-P-K＝8-8-8など
＊2：一握り30g、一つまみ3gを目安に
＊3：8号は直径24cm、10号は直径30cm、15号は直径45cm
＊4：94～95ページ参照

○○○注意度3：予防を心がけ、発生したら薬剤散布も視野に入れて対処する
○○注意度2：なるべく対処する　○注意度1：特に気にしなくてもよい

基本 摘果

適期＝6月

キウイフルーツは人工授粉（46～47ページ参照）さえ行えば実つきがよく、結実後の落果は少ない傾向にあります。そのため放任すると果実がつきすぎて、小さくて品質の劣る果実しか収穫できないので、6月の摘果は非常に重要な作業といえます。

摘果は予備摘果と仕上げ摘果の２段階で行います。１か所に約３個の果実がまとまってつくので、まずは予備摘果で１か所１果に間引きます（5月に摘蕾をした場合は不要）。次に仕上げ摘果として、１果当たり葉５枚の割合になるようにさらに間引きます。例えば、摘心（52ページ参照）で葉15枚に調整した新梢では、３果残してほかの果実は切り取ります（詳しくは次ページを参照）。

たくさん結実した6月上旬の様子。摘果して2分の1～4分の1程度の数になるまで減らしたい。

摘果の概要図

予備摘果を6月上旬、仕上げ摘果を6月下旬と時期を分けるのが理想的だが、同時に行ってもよい。

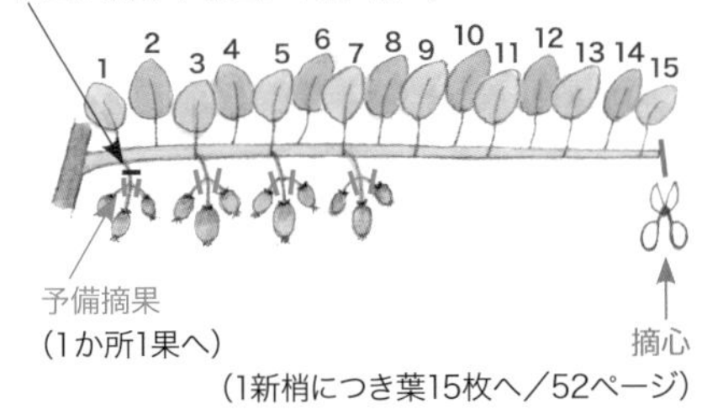

葉が15枚あるので3果残してほかの果実は切り取る。

トライ 袋かけ 無農薬

適期＝6月

摘果直後の果実に果実袋をかけることで果実軟腐病やカメムシ類、ハマキムシ類などの病害虫から守ることができます。袋かけは手間がかかるので、プロの農家ではあまり行われず、家庭でも必須の作業ではありませんが、病害虫で困っている場合はおすすめ。

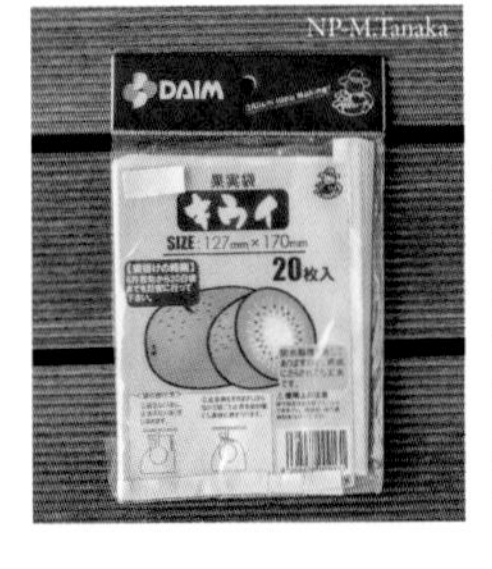

果実袋は園芸店などに市販されている家庭用のものを使用する。キウイフルーツ用でなくてもサイズが合えばOK（殺菌剤が使用されていない商品を使う）。

摘果、袋かけの手順

葉の数を把握する

摘果時点の新梢の葉枚数を把握する。写真は摘心後の新梢で葉は15枚ある。作業に慣れたら正確な枚数を数える必要はなく、概数を推測すればよい。

1か所1果にする（予備摘果）

摘蕾をしていなくて1か所3果ついている場合は、1か所1果になるように切り取る。②-2の写真を参考にしながら、優先的に間引く果実や残す果実を選ぶ。

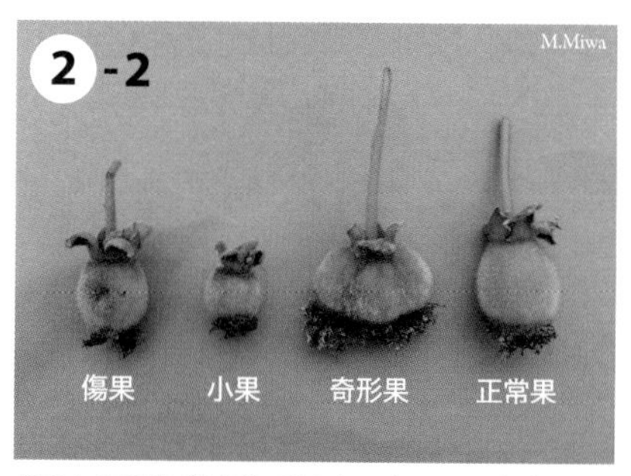

傷のある果実（傷果）、明らかに小さい果実（小果）、異常な形をしている果実（奇形果）は優先的に間引き、正常な果実（正常果）を残す。

葉5枚で1果にする（仕上げ摘果）

1果当たりの葉が5枚になるようにさらに間引く。写真は葉が15枚ある新梢なので、3果残してほかの2果は切り取る。間引く際には②-2を参考にする。

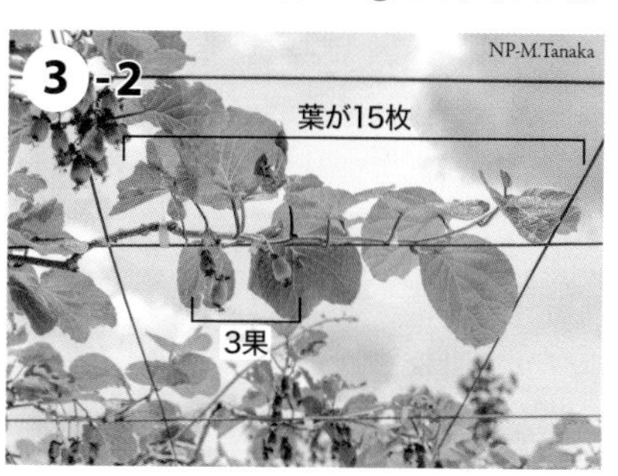

摘果完成

摘果が完了した状態。摘果前に11個あった果実を3個になるまで間引いた。1新梢当たり0～3果になるように摘果するとよい。

果実袋をかける

摘果が完了したらすぐに市販の果実袋をかける。雨水や害虫などが侵入しないように、果実袋についている針金を果梗に巻きつけて、しっかりと固定する。

基本 摘心 無農薬

適期＝6〜9月

新梢は長い場合には1本が3m以上になることもあります。新梢が徒長すると、日当たりや風通し、見た目が悪くなるほか、養分ロスによって果実品質も悪くなるので摘心は重要です。

手順としては、各新梢とも葉を15枚残して（15節で）切り詰めます。なお、摘心するのは果実がついている新梢のみとし、果実がついていない新梢が長く伸びて徒長枝になっている場合や突発枝の場合は、基本的にはつけ根から切り取ります（下の徒長枝の除去を参照）。

葉を15枚残して摘心する。この際、二番枝（下参照）の葉があってもこの15枚には含まない。

摘心後、新梢の葉のつけ根から新たな新梢（二番枝）が発生したら、葉を1〜2枚残して摘心する。

基本 徒長枝の除去 無農薬

適期＝6〜9月

主枝や亜主枝と呼ばれる太い枝の上側からは、突発枝（76ページ参照）とも呼ばれる新梢が直接発生します。突発枝の多くは太くて長い徒長枝になりやすく、方向としても真上に伸びて日当たりや風通し、見た目を悪くし、無駄な養分を消費して邪魔な存在です。見つけしだい、つけ根で切りましょう。

ただし、徒長枝（突発枝）であっても周囲に果実がなる枝や更新用の枝がない場合は、捻枝（53ページ参照）した後に棚などに誘引し、翌年に収穫する枝として使います。

亜主枝の上側から徒長枝が発生している様子。主幹に近い部位からは徒長枝が発生しやすい。

利用できない徒長枝はノコギリを使ってつけ根で切り取る。切り残しがないように注意したい。

トライ **捻枝** 適期＝6〜7月

空きスペースが目立つ場合や、何年も利用して収穫部位が先端付近ばかりになって効率の悪くなった枝が周囲にある場合は（右写真）、夏に周囲の徒長枝（突発枝：52ページ参照）をねじりながら下げて誘引し、翌年以降の収穫用の枝として残します。ポイントはなるべく細くて斜め向きの新梢を選び、何度もねじりながら下げることです。

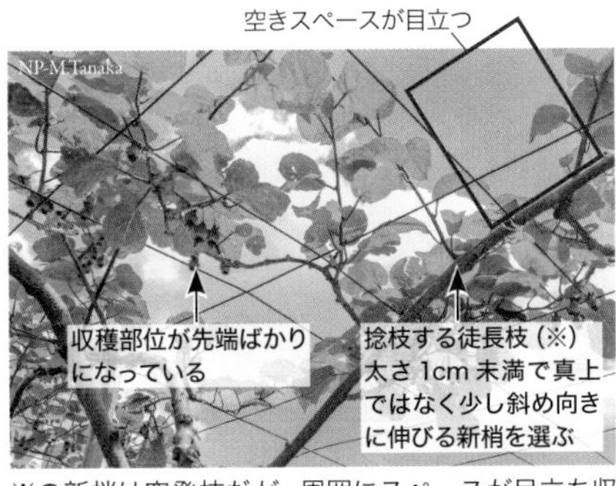

※の新梢は突発枝だが、周囲にスペースが目立ち収穫部位も少ないので、捻枝して利用したほうがよい。

捻枝の手順

傷を入れる

捻枝する徒長枝の曲げたい部分につぎ木ナイフなどで縦に1〜2本の傷を入れると成功しやすい。

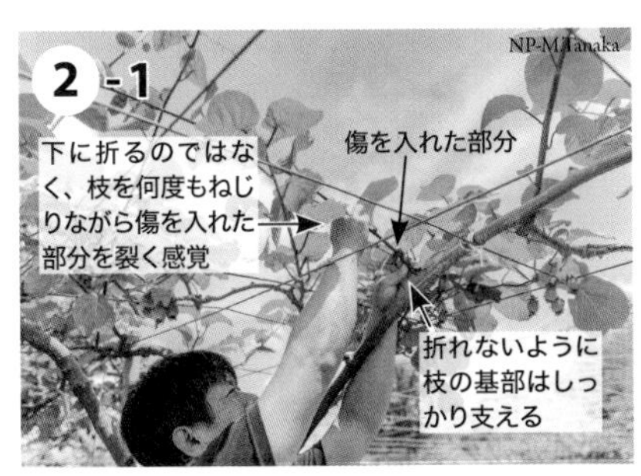

捻って下げる

片手で徒長枝の基部を支え、もう片方の手で何度もねじって下に下げる。パリッと手応えがあることも。

捻枝後

捻枝が成功した状態。①で傷を入れた部分が裂けている。ここには癒合剤（85ページ）を塗る。

支柱に誘引する

成功した枝をひもなどを使い、周囲の新梢と重ならないように誘引する。冬の剪定時に切り詰める。

トライ 環状はく皮　適期＝6〜7月

環状はく皮とは、幹や枝の周囲にぐるりと切れ込みを入れて樹皮（師部など）をはぎ取ることです。キウイフルーツでは茶色の枝（結果母枝：72ページ参照）を環状はく皮するのが一般的で、果実の肥大を促進し、糖度を上昇させる効果が期待できるほか、翌年の開花数も増加します。上級者向けの作業ですが、ぜひチャレンジしましょう。

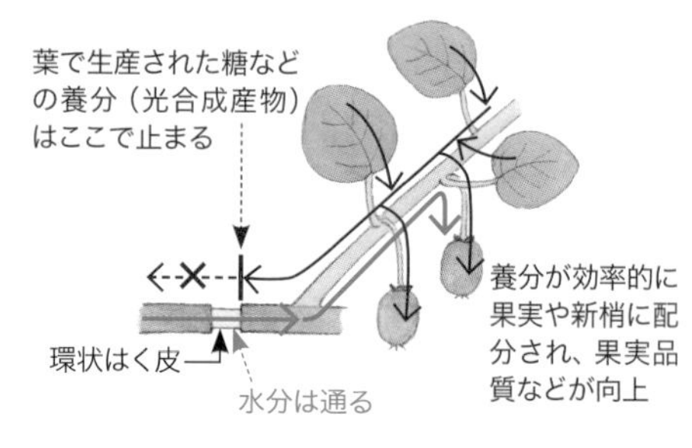

環状はく皮によって葉の光合成産物が新梢から流出するのを妨げ、果実などに養分を効率的に配分することができる。

環状はく皮の手順

傷を2本入れる
つぎ木ナイフやカッターなどで、新梢が発生する茶色の枝（結果母枝）を一周するように深さ1mm程度の傷を2本（幅1cm）入れる。

2本の傷をつなげる
①でつけた2本の傷をつなげるように、横一文字の傷を加える。

樹皮をはぎ取る
②の傷に爪を差し込み、写真のように樹皮（外樹皮と師部）をはぎ取る。

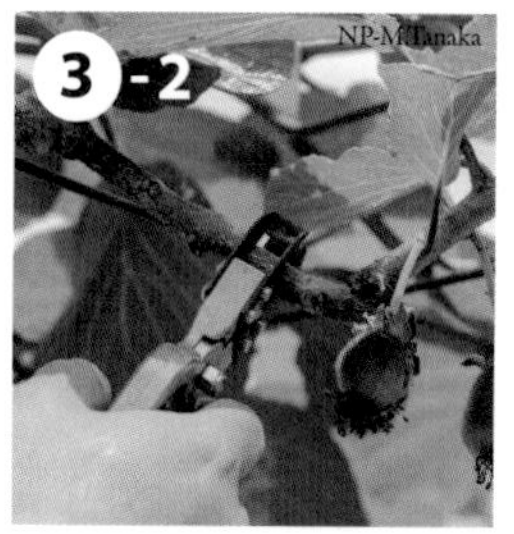

環状はく皮専用の器具（商品名：グリーンカット10など）を使えば、①〜③-1をワンタッチで行える。インターネットショップなどで購入可能。

完成
写真では茶色の枝（結果母枝）に処理しているが、主幹や主枝といった太い枝に処理する場合もある。

2か月後
環状はく皮から約2か月後の処理部位。立派な果実がついている。むいた部分はすぐにふさがるので、毎年のように処理する必要がある。

トライ さし木（緑枝ざし）

適期＝6～7月

今月は葉がついた状態の枝をさす緑枝ざしの適期です。成功のポイントは、さし床の保湿や水やりなどの水分調整です。水分バランスがくずれやすく難易度がやや高いので、失敗する場合は休眠枝ざし（41ページ参照）のほうがおすすめ。

さし木（緑枝ざし）の手順

さし穂を切り分ける
さし木の直前に木から新梢を採取し、各枝1節（葉1枚）になるようにさし穂を調整する。

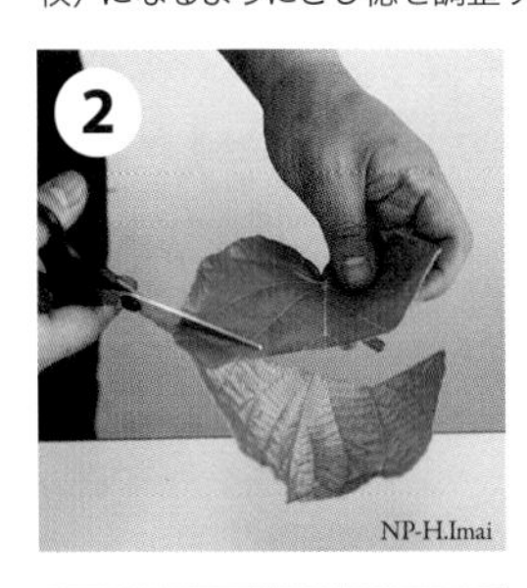

葉を半分に切る
過度の蒸散を抑えるため、ハサミで葉を半分の大きさに切る。さし口を乾燥させないため、①～③は手早くやるとよい。

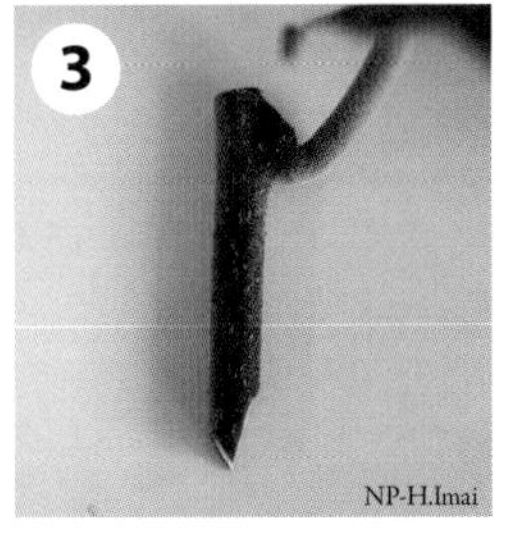

さし口を整える
つぎ木ナイフやカッターナイフなどを使って、さし口を写真のようなくさび形に整える。

水あげする
コップなどに水を入れ、さし口を2時間程度つけて水あげする。

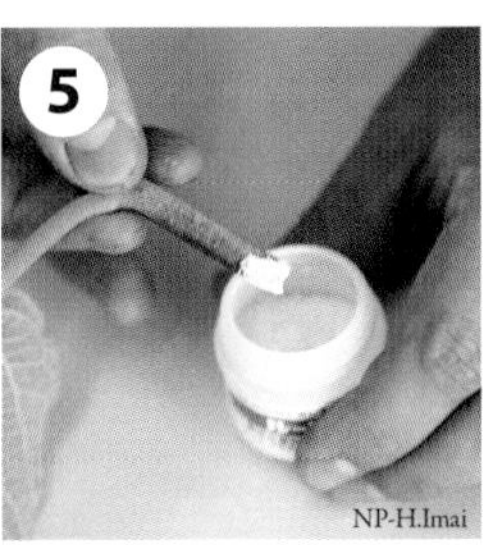

発根促進剤を塗る
さし口に市販の発根促進剤（商品名：ルートンなど）を塗る。

さし穂をさす
鹿沼土（細粒）などを入れたさし床に水をたっぷりやり、41ページ⑥のように割りばしなどで穴をあけてからさし穂をさす。

ポリ袋をかぶせる
針金などで支柱を組んで、保湿のための透明なポリ袋をかぶせて完成。ベランダなどに置き3日に1回は水をやり、袋内の空気を入れ替える。

July

7月

今月の管理

- 日当たりのよい戸外の軒下
- 鉢植えは毎日たっぷり。
  庭植えは雨が降らなければ
- 鉢植え・庭植えともに不要
- 手で取り除き、薬剤散布も検討

基本 基本の作業

トライ 中級・上級者向けの作業

無農薬 無農薬・減農薬で育てるコツ

7月のキウイフルーツ

気温が上昇すると新梢の伸びがさらに旺盛になります。葉のつけ根にある芽の中では、翌年に咲くための花のもと（花芽）がつくられ始めるので、誘引、摘心、徒長枝の除去、捻枝などの新梢管理を徹底して新梢の状態を改善することが、翌年の開花・結実量の増加につながります。

中・下旬に梅雨が明けると病害虫の発生がさらに盛んになります。木をよく観察して発生初期に早く気づき、すぐに対処できるようにしましょう。

7月の風景　新梢が伸び始めた棚の様子
棚にはまだ空きスペースがあるが、このあと新梢がさらに伸びて混み合うので、摘心や徒長枝の除去などの新梢管理を徹底したい。

管理

鉢植えの場合

置き場：日当たりのよい戸外の軒下

日光に当たる軒下で雨を避けます。

水やり：毎日たっぷり

基本的には毎日たっぷりとやります。

肥料：不要

庭植えの場合

水やり：雨が降らなければ

葉焼けなど（59ページ参照）が発生する場合や降雨が14日間程度なければ、水をたっぷりとやります。

肥料：不要

病害虫の防除

手で取り除き、薬剤散布も検討

コガネムシ類（59ページ参照）の成虫が発生する場合は、手で取り除きます。ほかの害虫や病気の被害部についても、発生初期に手などで取り除きます。ハマキムシ類やスカシバ類（57ページ参照）の発生が多い場合には、フェニックスフロアブル（2回目）などの散布を検討しましょう。

今月の主な作業

- 基本 誘引
- 基本 摘心
- 基本 徒長枝の除去
- トライ 捻枝、環状はく皮、さし木
- 基本 台風対策

害虫　ハマキムシ類　注意度 ☆☆

幼虫が葉や果実を食害し、さなぎになる直前に白い糸状の物質でつづり合わせます。風通しが悪いと発生しやすいので、剪定や誘引などを徹底し、幼虫やさなぎをなるべく早く見つけて取り除きます。袋かけや薬剤の散布も効果的。

葉が少しでも巻いていたらハマキムシ類の発生を疑う。葉の中の幼虫は見つけしだい駆除する。

害虫　スカシバ類　注意度 ☆

キクビスカシバなどの幼虫が、6月ごろに枝の内部をふんを出しながら食べて木が弱ります。侵入部に針金などを差し込んで幼虫を駆除するほか、6～7月の薬剤散布も効果的です。

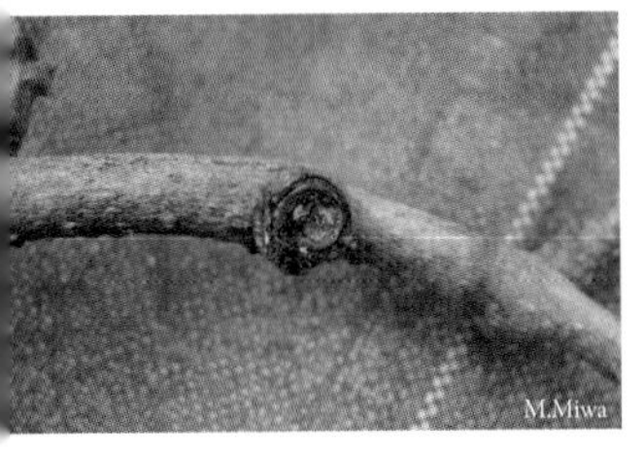

スカシバ類のほかには、コウモリガの幼虫もふんを出しながら枝内部を食害する。

主な作業

基本 誘引、摘心、徒長枝の除去 無農薬

新梢管理をする

43、52ページを参照。

トライ 捻枝、環状はく皮、さし木

レベルアップの作業に挑戦する

53～55ページを参照。

基本 台風対策　適期＝7～9月

直前に強風対策をする

葉が強風に弱いので台風対策は重要です。庭植えの場合は抜本的な対策がとりにくいですが、強風で新梢が折れたり落果するのを少しでも防ぐために、誘引を万全にするとよいでしょう。

鉢植えの場合も誘引を万全にして強風対策をするのと同時に、鉢植えをあらかじめ倒して固定します。

強風で鉢植えが倒れると株が傷むので、台風が通過する直前に鉢植えをやさしく倒しておく。一時的に室内に取り込めればなおよい。

☆☆☆注意度3：予防を心がけ、発生したら薬剤散布も視野に入れて対処する
☆☆注意度2：なるべく対処する　☆注意度1：特に気にしなくてもよい

August

8月

今月の管理

- 日当たりのよい戸外
- 鉢植えは毎日たっぷり。
  庭植えは雨が降らなければ
- 鉢植え・庭植えともに不要
- 病害虫を手で取り除く

基本 基本の作業

トライ 中級・上級者向けの作業

無農薬 無農薬・減農薬で育てるコツ

8月のキウイフルーツ

暑さが厳しくなるので、鉢植えは毎日のように水やりしましょう。庭植えの水やりは基本的には不要ですが、葉焼けや日焼け果（59ページ参照）が発生したり、降雨が14日間程度なければたっぷりとやります。8〜9月に肥料を施すと、糖度低下などの品質不良の原因になることもあるので控えます。

気温が上昇すると害虫が増加するので注意が必要です。台風が接近している場合には強風対策を行います。

8月の風景　肥大する鉢植えの果実

鉢植えでも庭植えと同様に果実が肥大し、立派な収穫果が得られる。鉢土が乾燥すると葉焼けなどが発生するので水やりが重要。

管理

鉢植えの場合

置き場：日当たりのよい戸外

日光によく当てます。暑さでしおれる場合は一時的に日陰に避難させます。

水やり：毎日たっぷり

鉢底から水が流れ出るまでたっぷりと与えます。基本的には毎日行います。

肥料：不要（施すと品質不良の原因に）

庭植えの場合

水やり：雨が降らなければ

葉焼けなど（59ページ参照）が発生する場合や降雨が14日間程度なければ、水をたっぷりとやります。

肥料：不要（施すと品質不良の原因に）

病害虫の防除

病害虫を手で取り除く

カイガラムシ類やカメムシ類、ハマキムシ類、コガネムシ類などの害虫を見かけた場合は、なるべく早めに取り除きます。炭そ病などの病気発生の場合も被害部を早めに取り除きます。

今月の主な作業

- 基本 誘引
- 基本 摘心
- 基本 徒長枝の除去
- 基本 台風対策

病気　炭そ病
注意度 ◇◇

発生初期は葉に褐色の斑点が発生し、徐々に変色部分が拡大してひどいと落葉します。登録のある薬剤が見当たらないため、落ち葉拾いなど（33ページ参照）や雨水から守るために軒下などに鉢植えを置くなどといった対策が重要。

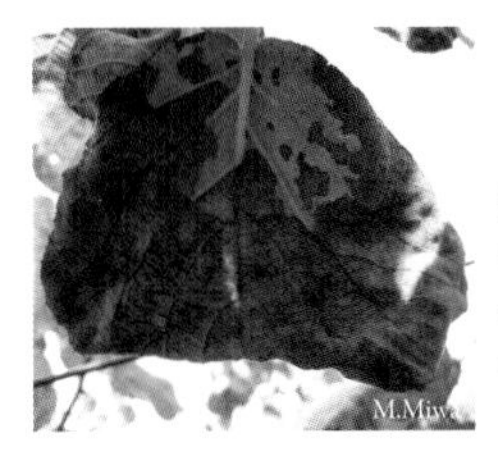

葉に褐色の斑点が発生したら、初期段階で取り除いて感染拡大を防ぐことが重要。

害虫　コガネムシ類
注意度 ◇◇

夏から秋は成虫が葉を網目状に食べ、冬から初春は幼虫が土の中で根を食べます。鉢植えでは幼虫の発生が致命的で、植え替え時に取り除きます。成虫は見つけしだい手で取り除きます。

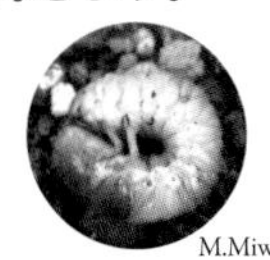

成虫の効果的な防除方法がなかなかなく、多くの愛好家が困っている。夜行性なので、早朝や夕方に探すと見つかりやすい。

主な作業

基本 誘引、摘心、徒長枝の除去 無農薬

新梢管理をする

43、52ページを参照。

基本 台風対策

直前に強風対策をする

57ページ参照。

Column

生理障害　注意度 ◇◇

葉焼け、日焼け果

下写真のように葉の周囲が枯れたり、夏に果実がへこむのは高温や土の乾燥が原因です。日焼け果は水やりを怠った鉢植えで特に発生しやすく、葉焼けは鉢植えや水はけが悪い場所に植えた庭植えで発生しやすい傾向にあります。主に水やりをして防ぎます。

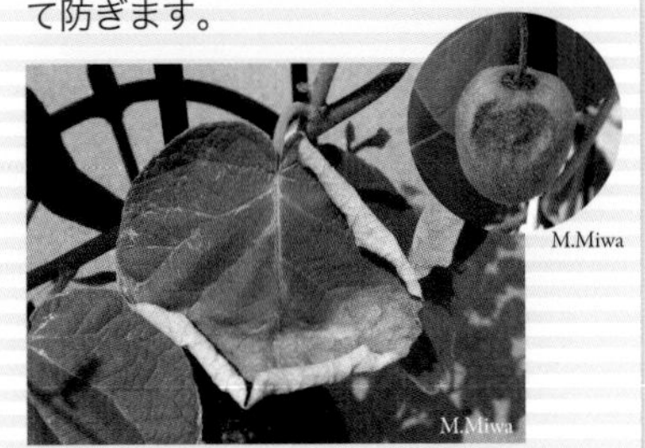

根がしっかりと張っていれば発生しにくい。

◇◇◇注意度3：予防を心がけ、発生したら薬剤散布も視野に入れて対処する
◇◇注意度2：なるべく対処する　◇注意度1：特に気にしなくてもよい

September

9月

今月の管理

- 日当たりのよい戸外
- 鉢植えは毎日たっぷり。庭植えは雨が降らなければ
- 鉢植え・庭植えともに不要
- 手で取り除き、薬剤散布も検討

基本 基本の作業
トライ 中級・上級者向けの作業
無農薬 無農薬・減農薬で育てるコツ

9月のキウイフルーツ

収穫を来月以降に控え、今月は1年のうちで作業が最も少ない月といえます。誘引や摘心、徒長枝の除去などの新梢管理が完了したら、ひと休みできます。

そろそろ果実の肥大が緩慢になり収穫時と同様のサイズになりますが、葉で生産された糖などの養分がデンプンなどの状態で果実に盛んに蓄積されています。プロの農家では価格や貯蔵性を重視して今月中に収穫することもありますが、食味を重視する家庭栽培では10月以降まで収穫を待ちましょう。

9月の風景　新梢で埋まった棚
春に発生した新梢がそれぞれ伸びて、棚のスペースが新梢で埋まった状況。7月（56ページ参照）より混み合ってきたのがわかる。

管理

鉢植えの場合

置き場：日当たりのよい戸外

日光が当たる軒下で雨を避けます。

水やり：毎日たっぷり

鉢底から水が流れ出るまでたっぷりと与えます。基本的には毎日行います。

肥料：不要（施すと品質不良の原因に）

庭植えの場合

水やり：雨が降らなければ

葉焼けなど（59ページ参照）が発生する場合や降雨が14日間程度なければ、水をたっぷりとやります。

肥料：不要（施すと品質不良の原因に）

病害虫の防除

手で取り除き、薬剤散布も検討

かいよう病や炭そ病などが発生したら、被害部を手で取り除きます。カメムシ類やキウイヒメヨコバイが多発する場合は、ベニカ水溶剤（2回目）などの殺虫剤を散布します。コガネムシ類の成虫の多くは夜行性なので、夕方や早朝に探して捕殺します。

今月の主な作業

- 基本 誘引
- 基本 摘心
- 基本 徒長枝の除去
- 基本 台風対策

害虫　カメムシ類　注意度 ◇◇

チャバネアオカメムシなどが果実を吸汁し、果実内部がところどころスポンジ状になります。夜行性なので夕方や早朝に探して捕殺するほか、6月の袋かけが効果的。多発する場合は、6月や9月の薬剤散布も検討します。

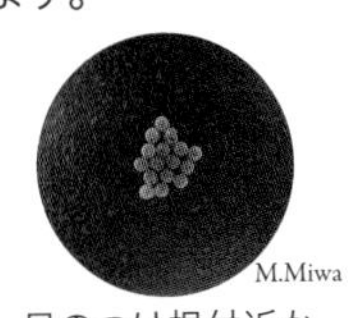

足のつけ根付近から異臭を放って捕殺しにくいので、袋かけや薬剤散布が効果的。上写真は卵（ふ化後）。

害虫　キウイヒメヨコバイ　注意度 ◇

被害にあった葉は緑色が抜けて白っぽく変色します。気にしすぎる必要はありませんが、多発する場合にはベニカ水溶剤などの殺虫剤を散布すると、カメムシ類もまとめて防除できます。

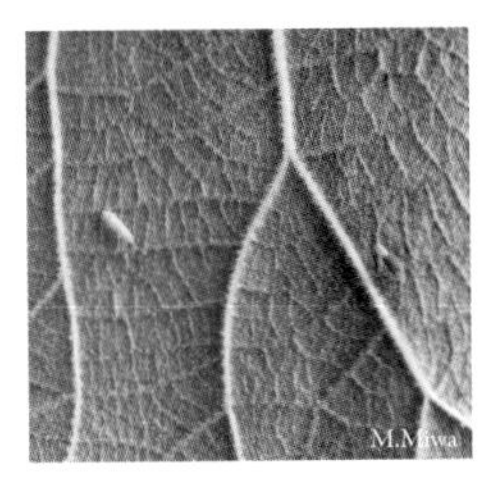

1mm前後の大きさで、雌は黄白色、雄は赤色をしている。排せつ物で周囲が黒く汚れるすす病も発生する。

主な作業

基本 誘引、摘心、徒長枝の除去 無農薬

新梢管理をする

43、52ページを参照。

基本 台風対策

直前に強風対策をする

57ページ参照。

Column

新梢の混み具合の目安

棚やオベリスクなどの支柱が新梢で混み合うと、果実軟腐病などの病害虫が発生しやすくなります。誘引、摘心、徒長枝の除去などの新梢管理をしっかりと行い、混み合いすぎないようにしましょう。木漏れ日がちらちらと地面に映る程度（下写真）の混み具合になるように新梢管理をします。

木漏れ日がちらちらと地面に映る様子。

◇◇◇注意度3：予防を心がけ、発生したら薬剤散布も視野に入れて対処する
◇◇注意度2：なるべく対処する　◇注意度1：特に気にしなくてもよい

October

10月

今月の管理

- 日当たりのよい戸外の軒下
- 鉢植えは乾いたらたっぷり。庭植えは不要
- 鉢植え・庭植えともに不要
- 貯蔵病害などの予防

基本　基本の作業
トライ　中級・上級者向けの作業
無農薬　無農薬・減農薬で育てるコツ

10月のキウイフルーツ

寒露を迎え、朝晩に葉が冷たい露でぬれるようになると、新梢の伸長が落ち着くので、誘引や摘心などの新梢管理からようやく解放されます。

早ければ今月から収穫が開始します。11〜15ページに記載してある品種ごとの収穫期を参考にして適期を見極めましょう。収穫適期の幅はほかの果樹よりも大幅に広い傾向にあります。なお、寒さで果実が傷むと貯蔵性が極端に低下するので、霜が降りるような地域では降霜前に収穫を完了します。

10月の風景　収穫を迎えた紅妃の果実
赤色系品種や黄色系品種は、果実の毛茸（もうじ）（毛）が少なくつるんとしているので、'ヘイワード'などの緑色系品種と区別が容易。

管理

鉢植えの場合

置き場：日当たりのよい戸外の軒下

日光が当たる軒下で雨を避けます。

水やり：鉢土の表面が乾いたら

２日に１回を目安に、鉢底から水が流れ出るまでたっぷり与えます。

肥料：不要

庭植えの場合

水やり：不要

肥料：不要

病害虫の防除

貯蔵病害などの予防

収穫果の貯蔵・追熟中に発生する病害のことを貯蔵病害といいます。キウイフルーツの主要な貯蔵病害である果実軟腐病と灰色かび病が毎年大発生する場合には、5〜6月に加えて今月も殺菌剤を散布すると効果的です。果実軟腐病にはトップジンＭ水和剤（2回目）など、灰色かび病にはロブラール水和剤（2回目）などの残効期間の短い薬剤がおすすめです。

今月の主な作業

- 基本 収穫
- 基本 貯蔵
- 基本 追熟
- トライ 種子の採取と保存

病気　果実軟腐病　注意度 ◌◌◌

追熟中の果実の内部が直径1cm程度腐る病気。感染は6月ごろから起きるので、誘引、新梢の除去などの新梢管理や袋かけなどといった収穫前の作業が重要です。冬の落ち葉や果梗などの除去や春から秋の薬剤散布も効果的。

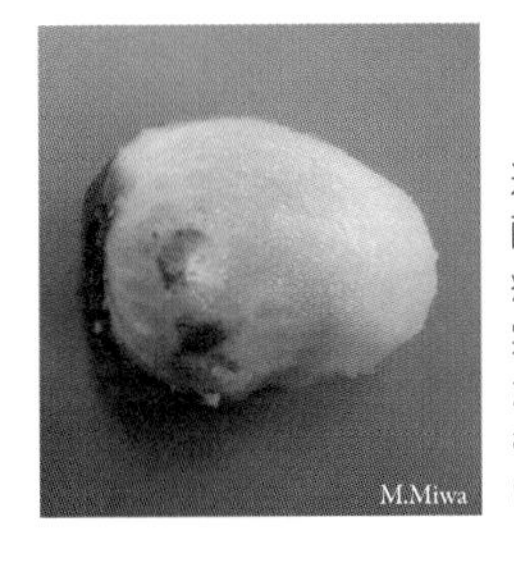

追熟中に独特の発酵臭がしたら、発病が疑われる。果実表面を軽く押しただけで深くへこむ部分は発病している。

病気　灰色かび病　注意度 ◌

果実の追熟中に灰色のカビが発生する病気。雨が当たる果梗部の周辺から発病しやすいです。冬に落ち葉などを除去し新梢管理を徹底して日当たりや風通しをよくすると、発生を抑制できます。

多発しないようならあまり気にしなくてもよい。どうしても多発する場合のみ、薬剤散布を検討する。

主な作業

基本 収穫

赤色系品種の収穫

赤・黄色系品種を中心に収穫が始まります。木に負担がかからず、果実に霜が当たって傷まない範囲内であれば、木になるべく長くつけておいたほうが甘みが強い果実を収穫できる傾向があります。家庭で育てる場合には、早どりしないで収穫をじっくり待つことも検討しましょう。66ページを参考に収穫します。

基本 貯蔵

長期保存する果実は冷蔵保存

収穫果を1か月以内に食べきれず、長期保存したい場合には追熟前の状態で貯蔵します（67ページ参照）。ただし、赤・黄色系品種は日もちしにくいので、なるべく早く食べるように心がけます。

基本 追熟

リンゴとポリ袋に入れて熟させる

68～69ページを参照。

トライ 種子の採取と保存

種子をとって保存

69ページを参照。

◌◌◌注意度3：予防を心がけ、発生したら薬剤散布も視野に入れて対処する
◌◌注意度2：なるべく対処する　◌注意度1：特に気にしなくてもよい

November

11月

今月の管理

- 日当たりのよい戸外の軒下
- 鉢植えは乾いたらたっぷり。庭植えは雨が降らなければ
- 鉢植え・庭植えともに施す
- 薬剤は極力散布しない

基本 基本の作業
トライ 中級・上級者向けの作業
無農薬 無農薬・減農薬で育てるコツ

11月のキウイフルーツ

立冬を過ぎて、北国の平地から初雪の知らせが届くようになると、赤色系品種や黄色系品種に加えて、緑色系品種が徐々に収穫できるようになり、収穫の最盛期を迎えます。果実に霜が降りたり凍結したりすると傷むので、寒冷地では収穫時期を早めたり、袋かけをするなどの工夫をしましょう。木に長くつけておくと品質は向上する一方で日もちしにくくなるので、収穫適期のタイミングを見極める目を経験によって養います。

11月の風景　収穫を迎えた'ヘイワード'の果実
主に中旬ごろに収穫適期を迎える晩生品種なので、降霜や凍結で果実が傷まないように注意する。

管理

鉢植えの場合

置き場：日当たりのよい戸外の軒下

日光が当たる軒下で雨を避けます。

水やり：鉢土の表面が乾いたら

3日に1回を目安に、鉢底から水が流れ出るまでたっぷり与えます。

肥料：秋肥を施す

庭植えの場合

水やり：不要

肥料：秋肥を施す

病害虫の防除

薬剤は極力散布しない

病気の被害部や害虫は発生初期に手などで取り除きます。特にかいよう病（45ページ参照）や炭そ病（59ページ参照）が原因で落ちた葉は、翌年の発生源になる可能性があるので12月以降の落ち葉拾い（33ページ参照）を待たずに拾って処分します。収穫時期が近く、収穫果への残留が気になるので、今月は薬剤を極力散布しないほうがよいでしょう。

今月の主な作業

- 基本 収穫
- 基本 貯蔵
- 基本 追熟
- 基本 植えつけ、植え替え

秋肥（お礼肥）

適期＝11月

夏肥（6月）の効果が弱まって久しい今月は秋肥を施します。果実をつけて弱っている木に少量施肥して回復させるのが主な目的で、収穫を迎える木へのお礼の肥料ということで、お礼肥ともいいます。落葉後に施すと肥料の吸収量が低くなり利用効率が落ちるので、収穫が終わっていない品種であっても上旬頃のなるべく早い時期に施します。

秋肥でも夏肥と同じ化成肥料（N-P-K=8-8-8など）を下表を目安に施すとよいでしょう。

秋肥の施肥量の目安（化成肥料*1を施す場合）

	鉢や木の大きさ		施肥量 *2
鉢植え	鉢の大きさ（号数*3）	8号	8g
		10号	12g
		15号	24g
庭植え	樹冠直径*4	1m未満	25g
		2m	100g
		3m	225g

＊1：化成肥料はN-P-K＝8-8-8など
＊2：一握り30g、一つまみ3gを目安に
＊3：8号は直径24cm、10号は直径30cm、15号は直径45cm
＊4：94～95ページ参照

主な作業

基本 収穫、貯蔵、追熟

収穫の最盛期

66～69ページを参照。

基本 植えつけ、植え替え 無農薬

落葉する下旬ごろから適期

22～25、34～35ページを参照。

Column

収穫から食べるまでの流れ

収穫した果実を食べるには追熟（68～69ページ参照）が必須です。しかし、追熟とは一種の老化現象なので、果実を一度追熟させてしまうとその後冷蔵しても日もちしにくくなり、腐りやすくなります。すぐに食べきれずに1か月を越えて保存したい果実は、追熟前の状態で貯蔵（67ページ参照）します。

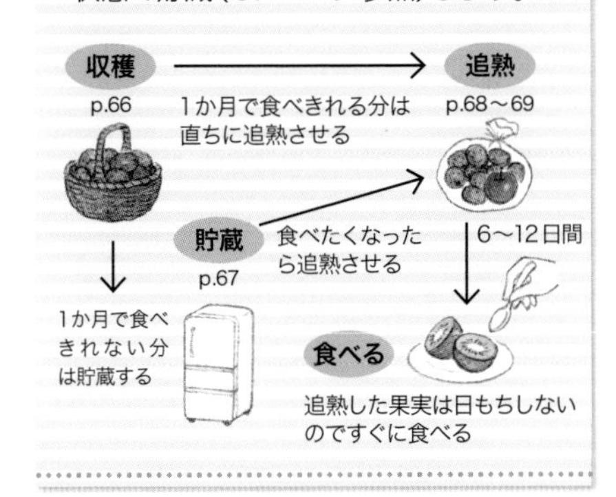

基本 収穫

適期＝10～11月

ブドウやミカンなどの果樹では果皮の色などの外観から判断し、収穫できる果実のみを厳選して収穫します。一方、キウイフルーツは収穫適期になっても果皮の色や堅さが変化しないことが多く、外観では判断できません。

プロの農家は糖度計（右写真参照）などを利用して収穫期を客観的に判断することもありますが、家庭栽培では11～15ページに記載の収穫期を目安にします。収穫期が早いほうが果実の貯蔵期間が長くなり、遅いほうが食味の優れる傾向にあるので、好みに応じて適期の範囲内で収穫時期を調整しましょう。家庭栽培では、食味を重視して収穫期を少し遅めにするのがおすすめです。ただし、降霜がある地域では適期にとらわれず収穫を早めるほか、極端に遅れると木が傷むので注意します。

農家では糖度計（写真）で果実の糖度を測定して適期を判断することも。赤・黄色系品種は９％、緑色系品種では6.5％が目安。追熟すると糖度はさらに上昇。

収穫適期になった品種は、すべての果実を一斉に収穫。

収穫の手順

果実を下にねじる

収穫適期を迎えた品種は、木についたすべての果実を一斉収穫する。果実をやさしく握り、下にねじる。

果実が果梗から外れる

果実が簡単に外れて収穫できる。枝に残った果梗は剪定後に取り除く（33ページ参照）。

基本 貯蔵

適期＝10〜12月

1か月程度で食べきれる場合には貯蔵が不要なので、収穫果をすぐに追熟（68〜69ページ参照）します。1か月で食べきれない果実については、本ページを参考に追熟前の状態で貯蔵します。ポイントは以下のA〜Cです。

A：傷をつけない

傷んだ果実からは気体状のエチレン（68ページ参照）が発生して追熟が始まり、すぐに腐ります。傷がある果実は貯蔵しないですぐに追熟して食べます。貯蔵中に果実軟腐病（63ページ参照）が発生した果実は取り除きます。

B：乾燥させない

果実を乾燥から防ぐためにポリ袋などで密封して湿度を高く保ちます。可能であれば個装（右写真）します。

C：低温にする

果実が行う呼吸などの生命活動を抑えるために温度を低く保ちます。最適な貯蔵温度は4℃程度で、高すぎると果実が腐りやすく、低すぎると果実が凍って傷みます。家庭では冷蔵庫の野菜室が理想的です。冷蔵庫がいっぱいで入らなければ、雨や直射日光が当たらない玄関やベランダの軒下などの涼しい場所に貯蔵することで、少しでも長もちさせることができます。

A：傷をつけない
外傷はもちろん、果実が当たってつぶれるのも厳禁。

B：乾燥させない
ポリ袋に入れて保湿する。多くの果実を一緒に入れる（写真左）と傷んだ果実からエチレンが発生し、周囲の正常な果実も追熟が進んでしまうので、可能であれば1個ずつポリ袋に入れる個装（写真右）がよい。

C：低温にする
冷蔵庫の野菜室などでうまく貯蔵すると、'ヘイワード'なら3〜6か月間は貯蔵することができる。

基本 追熟

適期＝10～12月

キウイフルーツの果実は樹上では熟すことがなく、堅くて酸味が強い状態のまま収穫を迎えます（例外あり）。収穫後も傷がなければ、エチレンという熟すために必要な気体状の植物ホルモンが果実からほとんど発生しません。

そこでリンゴと一緒にポリ袋に入れ、リンゴから発生するエチレンに触れさせることをきっかけに果実の追熟を開始させます。追熟期間の目安は赤色系品種や黄色系品種では6日程度、緑色系品種は12日程度ですが、収穫期の早晩で前後するので、果実を親指で少し押したり試食などをして見極めます。

追熟前

追熟後

M.Miwa

追熟前後の'ヘイワード'。追熟前の果肉は白っぽくて堅く、糖度が低くて酸味が強い。追熟すると、デンプンや酸が分解されて糖が増えて酸が減り、果肉が柔らかくなって、色が濃くなる。

追熟の手順

すぐ食べる果実だけを追熟する

すぐに食べる果実だけを選んで追熟させる。1か月で食べきれない果実は、追熟前の状態で貯蔵（67ページ参照）する。

リンゴのエチレン発生量は'つがる'や'王林'などの品種で多いが、わずかなエチレンでも反応するのでどんな品種でも特に問題はない。

リンゴと一緒に密封する

ポリ袋にリンゴとキウイフルーツを入れて密封する。割合の目安はリンゴ1個にキウイフルーツ10個程度。追熟の適温は15～20℃。

熟し具合を確認する

6～12日後に追熟が完了。収穫期が早いほど追熟期間は長い。親指で軽く押して少しへこむのが追熟完了の証し。試食もして確認するとよい。

Column

果実が多い場合の追熟方法

プロの農家では、多くの果実を出荷・販売する必要があり、68ページのようなリンゴを使った追熟は基本的には行っていません。右写真のような空気に触れるとエチレンが発生するエチレン発生剤（商品名：「熟れごろ」など）をリンゴの代わりに使用し、追熟しています。この商品はインターネットショップなどでも入手が可能なので、家庭栽培でも収穫果が多い場合には試してみましょう。

さらに大規模な農家が大量の果実を追熟する際には、ボンベに入った気体状のエチレンを利用する場合もあります。

NP-H.Imai

空気に触れるとエチレンを発生する市販のエチレン発生剤。リンゴよりも確実に均一に追熟できる。

NP-H.Imai

トライ 種子の採取と保存

キウイフルーツの種子（タネ）は、果実から取り出して、すぐにまいても発芽しにくいです。種子が一定期間の低温に遭遇し、休眠から覚めないと発芽しにくい性質をもっているからです。

そこで、下写真を参考に、秋から冬に果実を食べる際に種子を採取し、きれいに洗って乾燥させてから2か月間以上冷蔵庫に入れて貯蔵し、休眠から覚ますとよいでしょう。発芽率が向上する傾向があります。貯蔵した種子は3月にまきます（40ページ参照）。

NP-M.Fukuda

果実から種子を取り出し、水でよく洗って1日程度乾燥させる。

NP-M.Fukuda

種子を紙で包んで空き瓶などに入れ、冷蔵庫の野菜室で貯蔵する。

December

12月

今月の管理

- 日当たりのよい戸外など
- 鉢植えは乾いたらたっぷり。庭植えは不要
- 鉢植え・庭植えともに不要
- 越冬害虫の駆除

基本 基本の作業
トライ 中級・上級者向けの作業
無農薬 無農薬・減農薬で育てるコツ

12月のキウイフルーツ

収穫が完了して落葉するとキウイフルーツの木は休眠期に入ります。12〜1月の木は深い休眠状態にあり、一時的に気温が上昇しても新梢が発生することはなく、一定期間の低温にさらされるまで休眠から覚めません。この状態を自発休眠といいます。剪定や植えつけ、植え替えは、なるべく自発休眠している間に行いましょう。33ページで解説している越冬害虫の駆除についても、寒さが厳しい12〜1月に行うのがベストです。

12月の風景　落葉後の休眠枝（結果母枝）
写真の中心にある白い円形部は葉柄（葉と枝をつなげる柄の部分）がついていた痕で、その左のわずかなふくらみが冬芽。

管理

鉢植えの場合

置き場：日当たりのよい戸外など

寒冷地（−7℃以下）では、防寒対策（71ページ参照）を行うが、眠り症（92ページ参照）には注意。

水やり：鉢土の表面が乾いたら

5日に1回を目安に、鉢底から水が流れ出るまでたっぷり与えます。

肥料：不要

庭植えの場合

水やり：不要

肥料：不要

病害虫の防除

越冬害虫の駆除

新たに発生する病害虫はありませんが、越冬中のカイガラムシ類（31ページ参照）は見つけしだい、歯ブラシなどでこすり取ります。ほかにも33ページを参考に越冬中の病害虫を駆除します。貯蔵・追熟中に貯蔵病害（62〜63ページ参照）が発病した果実は除去します。

今月の主な作業

- 基本 植えつけ、植え替え
- 基本 防寒対策
- 基本 剪定

主な作業

基本 植えつけ、植え替え 無農薬

休眠期が適期。寒冷地では3月に

22～25、34～35ページを参照。

基本 防寒対策 適期＝12月

寒冷地では寒さで木が傷むのを防ぐ

－7℃を下回らないような地域では不要ですが、下回るような寒冷地では何らかの寒さ対策を講じましょう。鉢植えでは置き場を工夫しますが、7℃以上の暖かすぎる場所に置くと眠り症(92ページ参照)になるおそれがあるので注意します。庭植えの場合は、冷気がたまりやすい木の地際から70cm程度の高さまで、わらや不織布などを巻きつけて守ります。植えつけから4年以内の若木は、特に寒さに弱いので対策を講じましょう。4月ごろになって寒さがゆるんだら防寒対策を解除します。

わらを巻いて防寒対策を施した庭植えの幼木。

基本 剪定 無農薬

毎年必ず剪定する

72～85ページを参照。

Column

剪定の適期は守ろう

剪定の適期は落葉後の12月から萌芽前の2月です。この休眠期の間に枝を切ることで、切り口から樹液が出て枯れ込むのを防ぐことができます。

剪定が遅れると特に問題があります。枝の中を樹液が盛んに移動する3月ごろに枝を切ると、下写真のように樹液がぽとぽとと流れ出て、枝が枯れ込んで新梢の生育に影響を及ぼすおそれがあります。

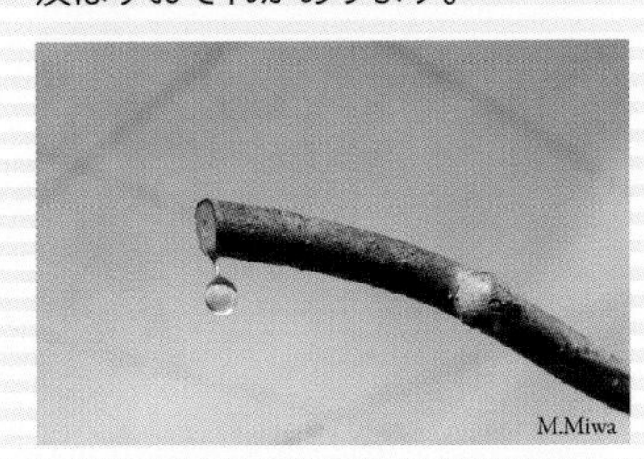

枝から樹液が流れる瞬間。しばらくすると切り口には白濁したゼリー状物質がつく。

基本 剪定 無農薬

適期＝12〜2月

管理作業で最も難易度が高いのが剪定です。上達のコツは失敗を恐れず、まずは見よう見まねで切ってみて、その後の新梢の発生や結実の様子を観察することです。実際に枝を切る前に知っておくべき内容を解説します。

剪定前に知っておくこと 1 枝の伸び方と果実のつく位置（結果習性）

剪定をするうえで、枝（新梢）がどのように伸びるのか、そして果実が新梢のどの部分につくのか、その規則性（結果習性）を理解することが最も重要です。キウイフルーツは冬の枝の先端付近から3〜5本程度の新梢が伸びて、その葉のつけ根付近に果実がなります（下図や27ページ参照）。果実がなる新梢（結果枝）は、結果母枝と呼ばれる葉が落ちたばかりの枝についた冬芽からしか発生しません。混み合わないで結実させるには、冬の時点の枝の前面に新梢が伸びる空きスペースを確保する必要があります。

1本の枝が1年間で3〜5本以上にふえるので、棚やオベリスクなどの空きスペースがなくなった成木の状態であれば、剪定時に枝の数を少なくとも3分の1〜5分の1まで減らす必要があります。

また、果梗よりも根元の部分には翌春に新梢が発生しにくいので、基部に新梢がない無駄なスペースが生まれやすいのも特徴です。下図のように間引き剪定（76ページ参照）をしてなるべく周囲の突発枝（徒長枝）に更新したり、切り戻し剪定（78ページ参照）をして、結実部位が木の先端方向に移りすぎるのを防ぎます。

キウイフルーツの結果習性

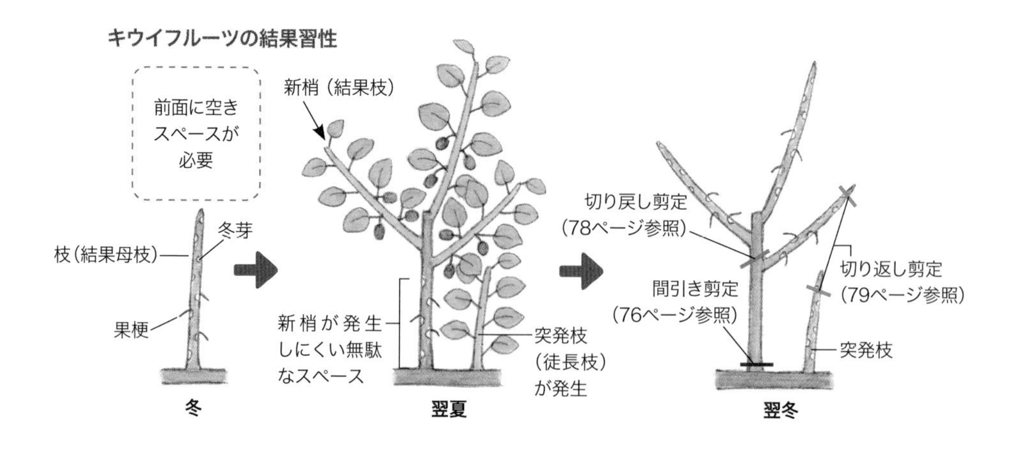

剪定前に知っておくこと 2 品種によって切り方を調整する

品種は果肉の色で赤、黄、緑の３種類に大別できますが、赤色と黄色の品種は緑色の品種に比べて枝の発生量が多くて枝の長さが短く（下写真）、樹勢が弱りやすいです。そのため、赤・黄色系品種は剪定時に間引き剪定（76〜77ページ参照）や切り戻し剪定（78ページ参照）を積極的に行って枝の数を減らし、切り返し剪定（79ページ参照）では少し切り詰めを強めにする（枝を短めに切る）といった具合に品種によって切り方を調整するのがポイントです。赤・黄色系品種はかいよう病が発生しやすいので、枝を少なく短くするのは病害虫防除の観点からも重要です。

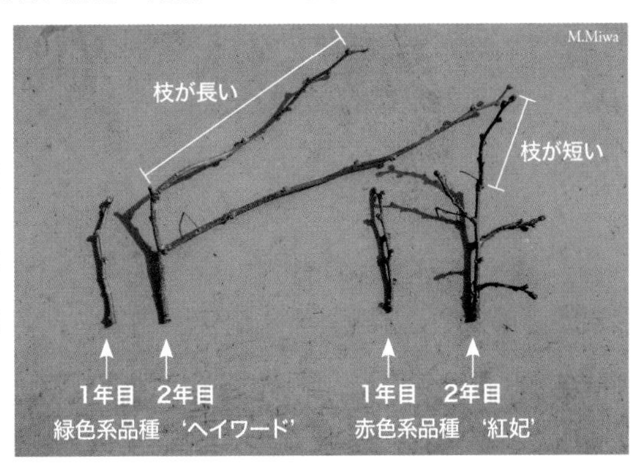

右写真の‘紅妃’は代表的な赤色系品種。赤・黄色系品種は、緑色系品種に比べて発生する枝の数が多く、一本一本の枝の長さが短い傾向にある。そのため、赤・黄色系品種は剪定しない期間が数年間続くと、細くて短い枝しか発生しなくなって樹勢が弱り、実つきや果実の品質が悪くなりやすい。

剪定前に知っておくこと 3 雄木の勢力は控えめに

雄木には果実がならないので雌木よりも樹勢が強くなりがちで（8ページ参照）、雌木が雄木に負けてしまうこともあります。雄木は人工授粉の際に少量あればよいので、雌木と雄木の勢力割合は９：１くらいでよく、棚栽培などで雌雄を近くに植える場合は、雄木が控えめになるように育てましょう。具体的には誘引時に雄木の枝を棚の端のほうに配置したり、剪定時に雌木の生育を邪魔するような雄木の枝を優先的に切り取ります（74〜75ページ参照）。

雌木と雄木の勢力割合

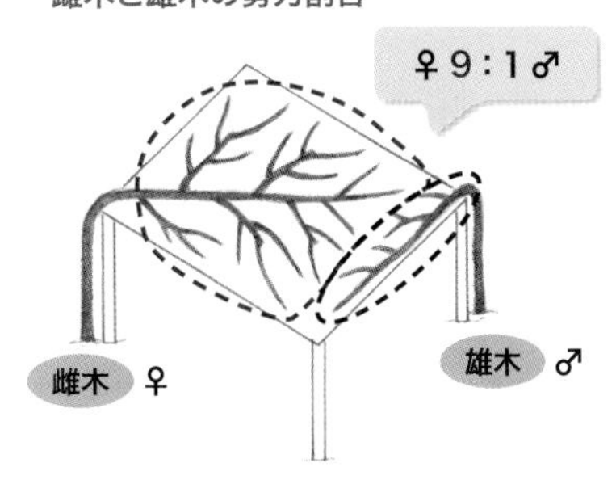

雄木は雌木を邪魔しないように棚の端に誘引して、雌木：雄木が９：１の勢力割合を目指すとよい。雌木だけを棚仕立てにして、雄木は鉢植えにしてもよい。

棚仕立ての剪定

棚仕立て（オールバック仕立て）の剪定

植えつけから３年後までの幼木

空いたスペースに枝を誘引し、棚全体に枝をバランスよく配置します。成木の剪定よりは切り取る枝の数や割合が少ないものの、混み合っている枝を間引き、真上に伸びる突発枝は切り取って枝先を切り詰める点は成木の剪定と同じです。雌木を主役として、雄木の枝は棚の隅に控えめに配置します。植えつけ３年後ごろから収穫できます。

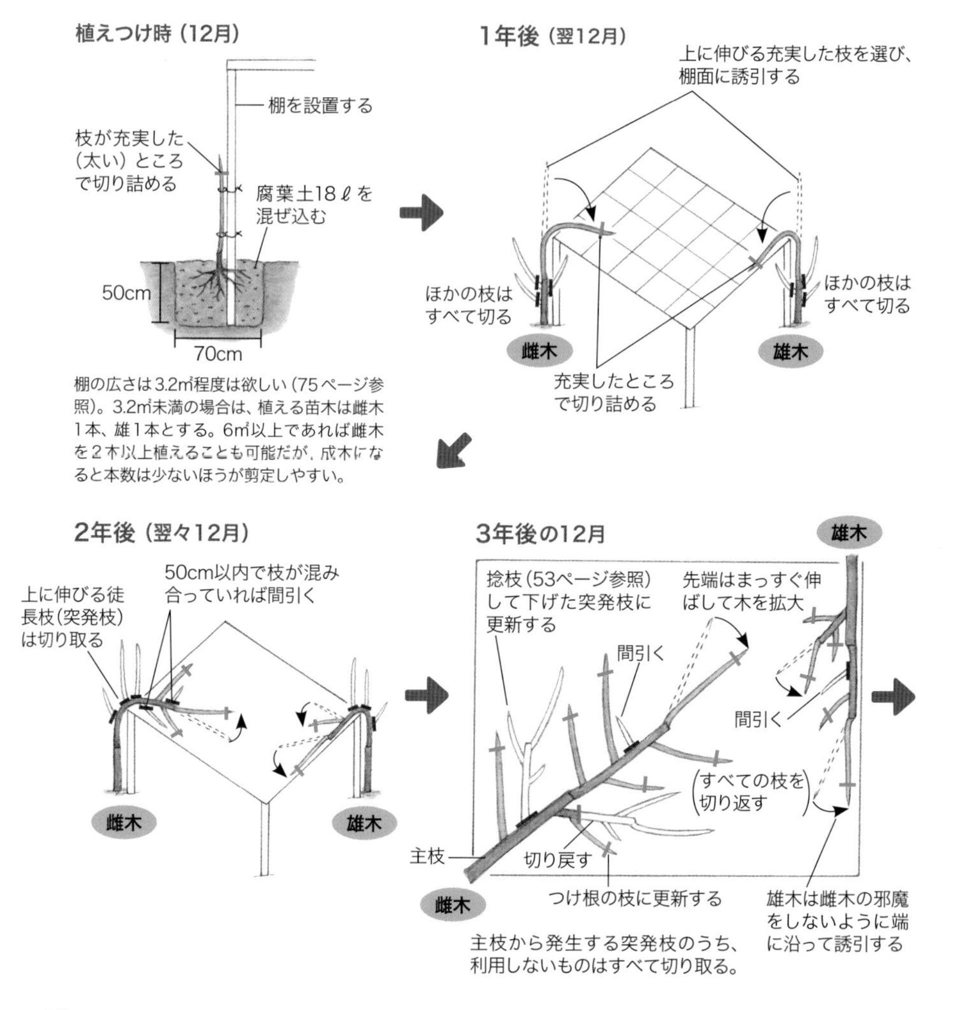

Column

棚に残す枝の数の目安

残す休眠枝（結果母枝）の数は棚面1㎡当たり2本程度を目安としましょう（10cm未満の短い枝や雄木の枝は含まない）。例えば下図の棚は2m×1.6m＝3.2㎡なので、7本程度の枝を残します。この目安の数まで枝を減らすと棚がスカスカになってしまい、初心者にとっては「こんなに減らして大丈夫？」と感じてしまうようですが、心配は無用です。春には1本の結果母枝から3本以上の新梢（結果枝）が発生し、主枝や亜主枝といった太い枝からは徒長枝（突発枝：52、76ページ参照）も多く発生して、夏や秋の新梢は剪定時の3倍以上の数になり、果実は60個以上収穫できます。これだけ切っても80ページの8月の写真のように、棚が新梢でいっぱいになって暗くなるので、気兼ねなく枝を減らします。

4年後以降の成木

棚全体が枝で埋まった状態なので、❶間引き剪定（76～77ページ参照）や❷切り戻し剪定（78ページ参照）をして、枝の周囲に空きスペースをつくることを意識しましょう。基部にある枝や徒長枝（突発枝）をうまく利用するのがポイントです。残った枝は❸切り返し剪定（79ページ参照）をして、充実した新梢の発生を促します。

4年後以降

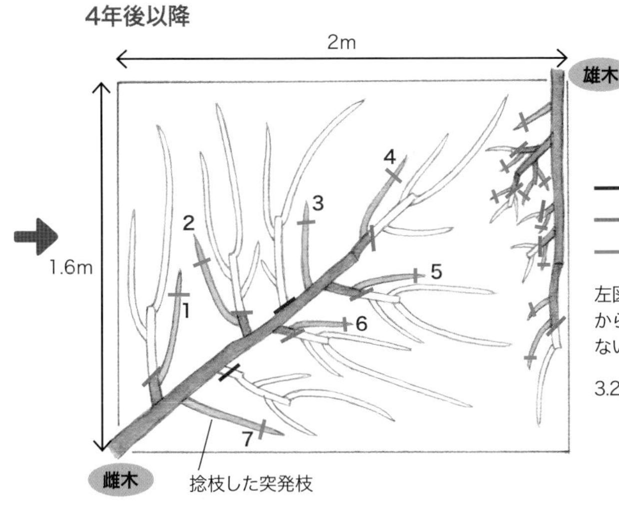

間引き剪定
切り戻し剪定
切り返し剪定（切り詰め）

左図には記載されていないが、主枝から発生する突発枝のうち、利用しないものはすべて切り取る

3.2㎡の棚に残した雌木の枝 → 7本

※短い枝の記載は省略した

棚仕立ての剪定

❶ 間引き剪定

不要な枝をつけ根で切り取るのが間引き剪定です。直近の秋までに伸びた1年目の枝（結果母枝や突発枝）をつけ根で切るのに加え、2年以上経過した枝のつけ根を切っていくつかの枝をまとめて取り除くのも間引き剪定です（右上図）。赤・黄色系品種は緑色系品種に比べて枝の発生量が多い傾向にあるので、多めに間引くよう心がけます。

突発枝（徒長枝）を間引く

棚仕立ては、夏に主枝や亜主枝と呼ばれる太い枝の上側から突如として新梢が多く発生します。この新梢を突発枝といいます（右中図）。突発枝の多くは真上に伸びて太くて長い徒長枝となり利用しにくいので、切り残さないようにつけ根で切り取ります。ただし、以下のように使う場合もあります。

古くなった枝を周囲の突発枝に更新

枝を2年以上伸ばしながら利用していると、徐々に基部付近の結果母枝がなくなり、利用できない無駄なスペースが徐々に生まれます（右下図）。そこで突発枝のうち、比較的細くて斜め向きに伸びている枝を冬の剪定時に選んで、53ページの捻枝と同様の方法で棚まで下げて誘引し、有効活用しましょう。捻枝と誘引が成功したら、右下図のように古くなった枝をまとめて切り取り、突発枝に更新します。

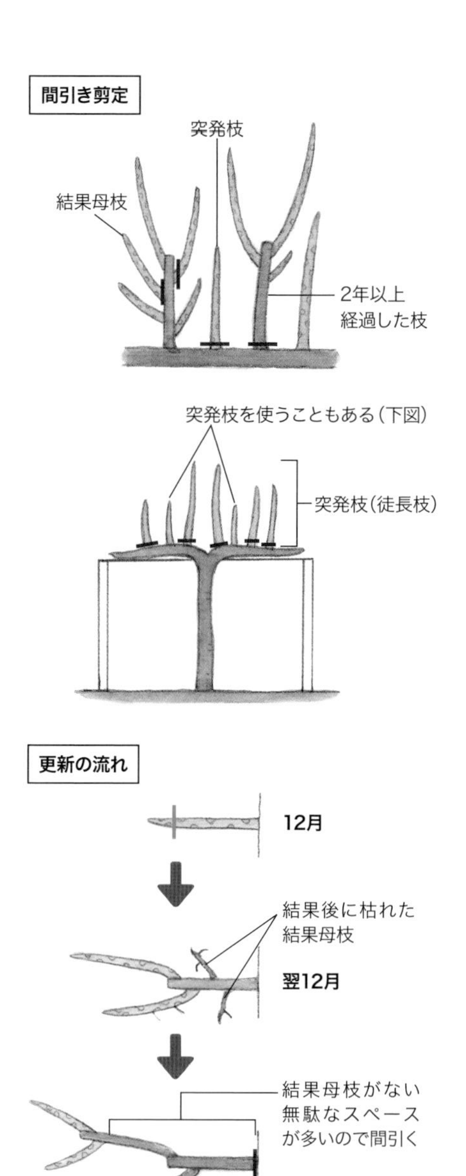

間引き剪定で優先的に切り取る不要な枝とは？

不要な枝は下記のとおりです。これらの枝を残しておくと木を維持するうえで不都合が生じるので、優先的に間引きます。

突発枝（徒長枝）

太い枝（主枝や亜主枝）の上側から発生した枝で、多くが徒長枝になる。捻枝して更新用に使える枝以外はすべてつけ根で切り取る。

古い枝

枝を何年も伸ばして使って古くなると、基部付近から枝が発生せず、結実部位が減るので効率が悪くなる。周囲の突発枝などに更新するとよい。

枯れ枝

枯れた枝は使い道がなく、果実軟腐病などの病原菌が潜んでいる可能性があるので、見つけしだい切り取る。軽く曲げただけで折れるのが特徴。

交差枝

周囲の枝と交差する枝のこと。風でこすれて傷の原因になるのでどちらかを切り取る。

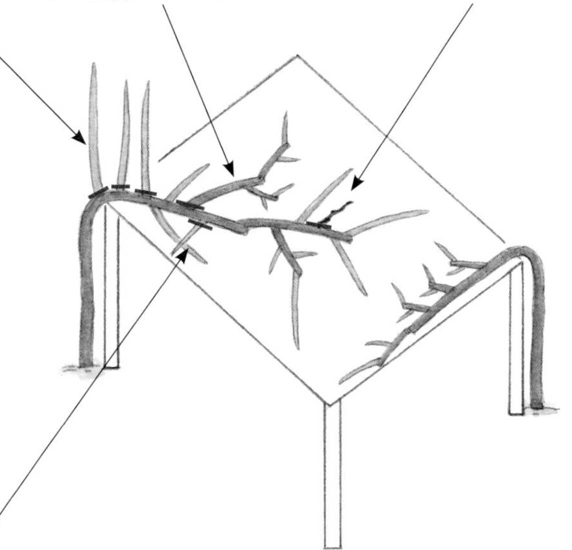

❷ 切り戻し剪定

植えつけから3年以内の若木(74ページ参照)では空きスペースに枝を積極的に配置して木を拡大させますが、75ページのように成木になって棚が枝で埋まったら、右図のように何本かの枝を分岐部でまとめて切り取ります。このように枝をまとめて切ることで、木が昔のサイズまで戻るので切り戻し剪定と呼ばれます。

切り戻して空きスペースを確保する

棚の全体が枝で埋まり、空きスペースがなくなった棚仕立てでは、剪定後の結果母枝の前には新梢が伸びるための空きスペースを0.5〜1m程度は確保する必要があります。切り戻し剪定をして木のサイズを縮小しましょう。家庭用の小型の棚やオベリスク仕立てなどの小規模の支柱を用いる場合には特に重要です。なお、76ページのように周囲に突発枝がある場合は、切り戻し剪定よりも突発枝への更新を優先させます。

切り戻す際に中途半端な位置で切って切り残しが生じてしまうと、そこから枯れ込みが入って木が弱ることもあります。くれぐれも切り残さないように分岐部できれいに切り戻しましょう。76〜77ページで解説している間引き剪定でも同様で、切り残さないように注意します。

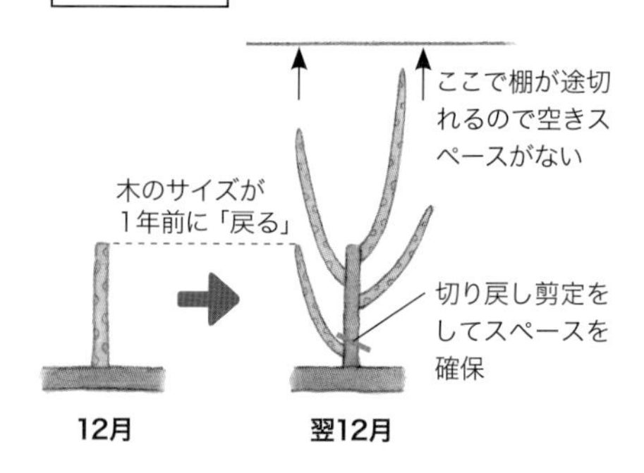

周囲に更新する突発枝がない場合は、緑線のところで切り戻して、写真の上方向に新梢が伸びるスペースを確保する。

❸ 切り返し剪定（切り詰め）

休眠枝（結果母枝）の途中で切り詰めると翌年に発生する新梢が充実するとともに、枝の基部からも新梢を発生させることができます。キウイフルーツは柑橘類やカキなどと異なり、枝を半分以上切り詰めても収穫量が減ることはないので、❶〜❷の剪定をして残った枝のすべてについて、次節を参考にして切り詰めましょう。

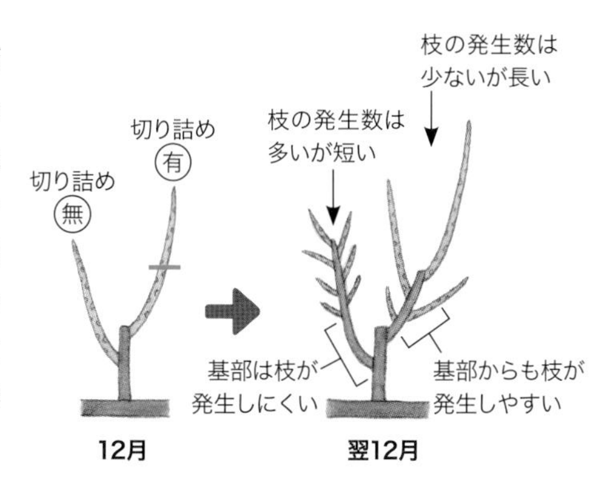

果梗の有無で切り詰める長さが異なる

果梗がある枝は直近の秋まで果実がついていた枝です。果実がついていた節より基部には冬芽が形成されにくく、翌春になっても新梢が発生しにくい傾向にあります。そこで、最も先端にある果梗から3〜6節（芽）残して切り詰めるとよいでしょう。果梗がない枝は短く切り詰めすぎると発生する新梢が徒長しすぎる傾向にあるので、少し長めの7〜11節で切り詰めます。

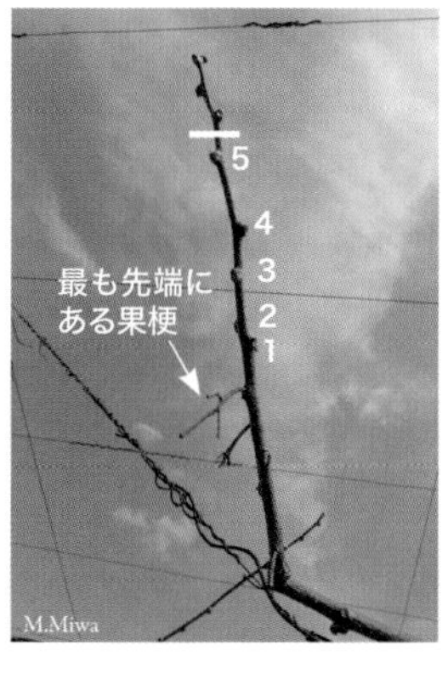

左写真は果梗がある緑色系品種の'ヘイワード'なので、果梗から5節で切り詰める。冬芽と冬芽の中間部で切る。

品種によって切り詰める長さが異なる

赤色系品種や黄色系品種は緑色系品種に比べて発生する枝の数が多い反面、枝自体は貧弱になりやすい性質をもっています（73ページ参照）。そこで、切り詰める際に残る節数（冬芽の数）がやや少なくなるように調整し（右図）、少しでも発生する新梢が充実するよう促します。

● 果梗がある枝

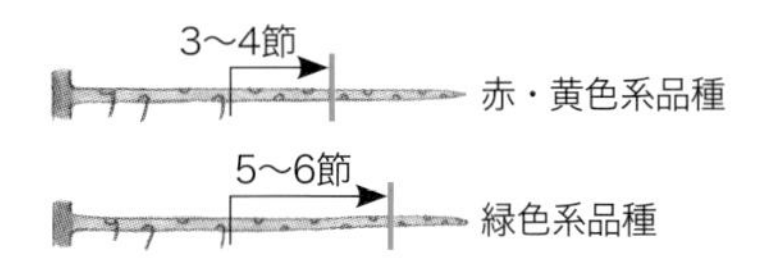

● 果梗がない枝

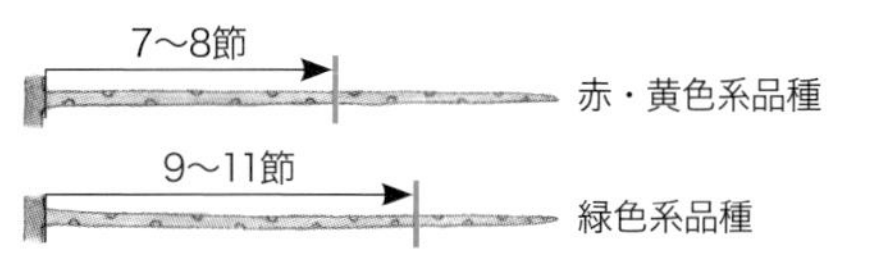

剪定前後と結実時の棚の様子

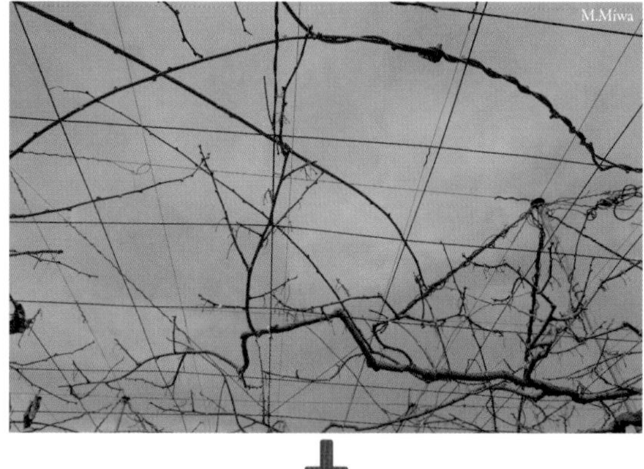

剪定前の1月の様子。枝が多少重なっているところもあり、混み合っている。

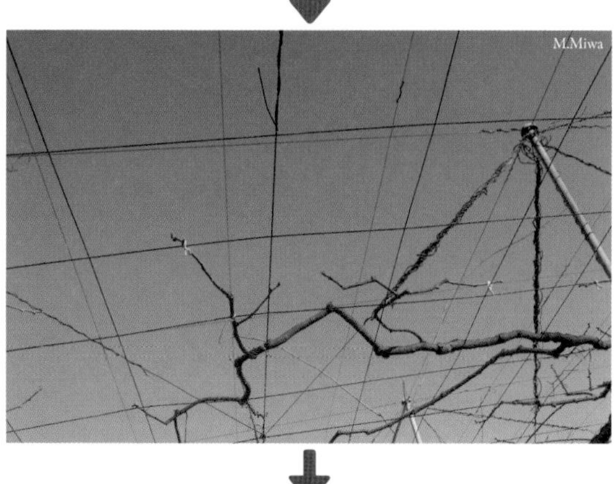

剪定後の1月の様子。1㎡当たりの結果母枝の数が2本程度になるように剪定した。残った枝の先端についてはすべて切り詰め、棚に誘引した。かなりスカスカの状態に見える。

剪定7か月後（8月）の結実した棚の様子。1月の剪定後の時点でスカスカだった棚が新梢で埋まっている。

オベリスク仕立ての剪定

植えつけ～1年後

植えつけ時に枝をらせん状に誘引して株元付近から新梢が発生しやすくします。植えつけた年は、ほとんど結実しません。冬の剪定では、株元に近い2～4本の枝を優先的に残して、その先は78ページを参考にして切り戻し（下図の①）、木をコンパクトにします。残した枝は79ページを参考にして切り詰めた（下図の②）あと、オベリスクの低い位置に誘引します。

枝をらせん状に誘引した植えつけ時の苗木。

● 植えつけ1年後の剪定の手順

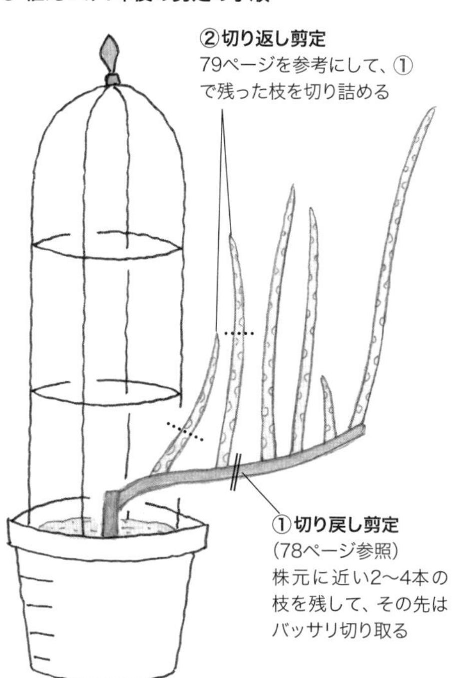

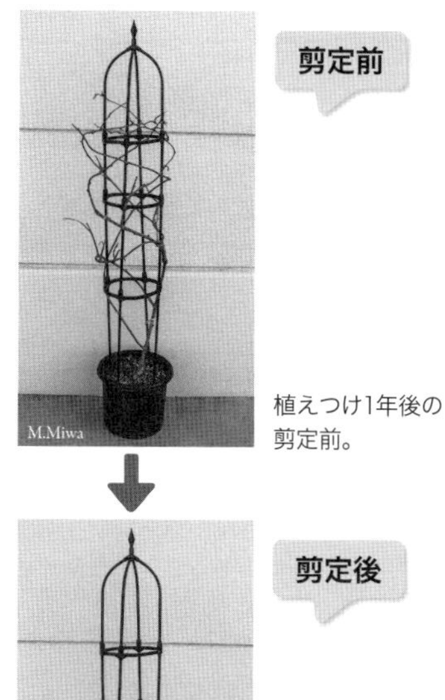

植えつけ1年後の剪定前。

植えつけ1年後の剪定後。

オベリスク仕立ての剪定

2年後以降

2年後以降から本格的に収穫が開始します。剪定では誘引ひもを切り取り、株元に近い長い枝(25cm以上)が2～4本残るようにします。残した範囲に短い枝がついている場合は切り取らずに残します。すべての枝を切り詰めて、下方に誘引して完成。

● 植えつけ2年後以降の剪定の手順

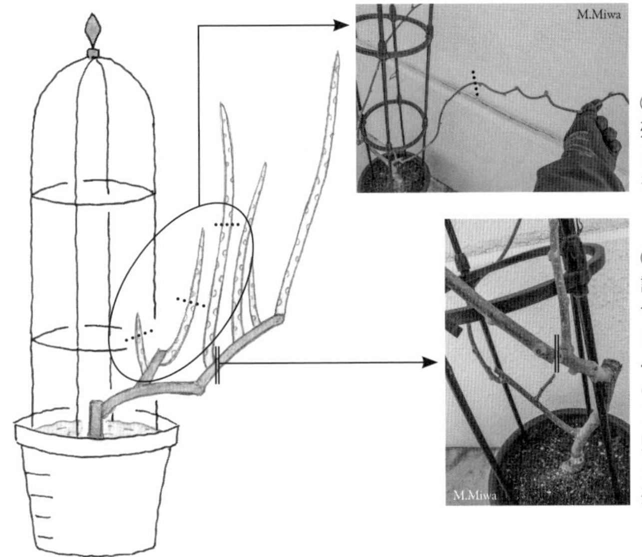

②切り返し剪定
残した枝はすべて切り詰める。79ページを参考にするとよい。

①切り戻し剪定
誘引しているひもを切り取って枝をほどき、株元に近い2～4本の枝を残してその先はバッサリと切り戻す(78ページ参照)。その範囲に残った短い枝はそのまま残す。

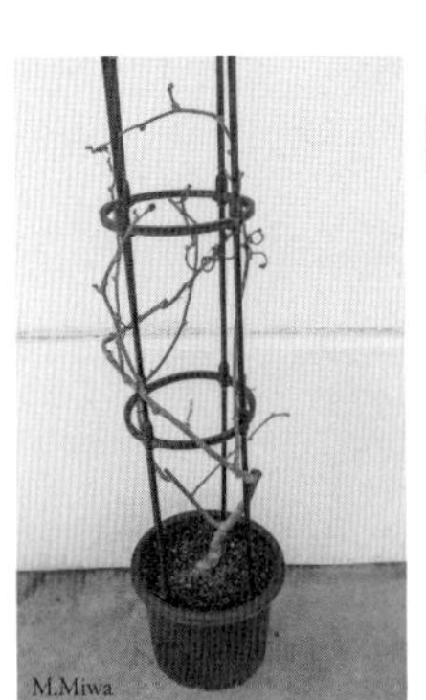

植えつけ2年後の剪定前。

植えつけ2年後の剪定後。

フェンス仕立ての剪定

フェンス仕立ての欠点は、枝が上向きに徒長して、株元付近や下側の枝が貧弱になりやすいことです。そこで、上向きの枝を斜めや横向きに誘引して、新梢の伸びを抑えるのがポイントです。ほかの切り方は棚仕立てと同様。

● **植えつけから1年後**（翌12月）

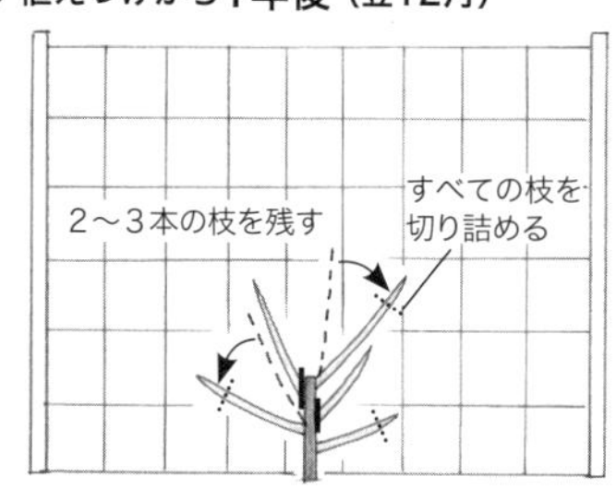

● **2年後**（翌々12月）

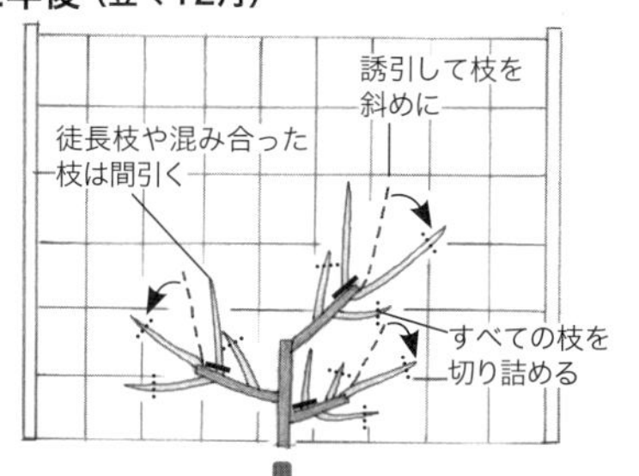

● **3年後の12月**

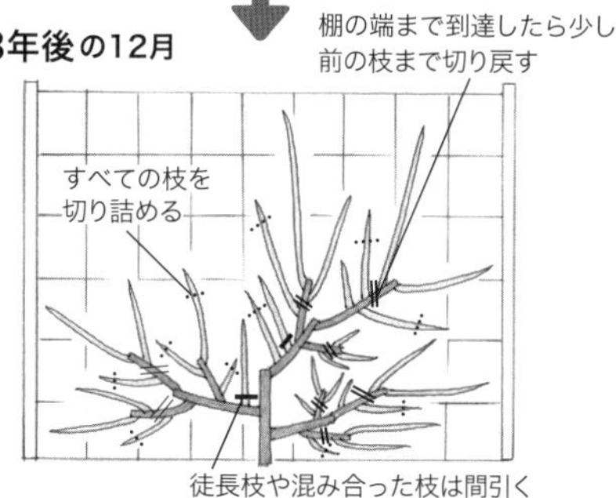

アーチ仕立ての剪定

フェンス仕立て以上に株元付近の枝が貧弱になりやすいので、剪定時に株元に近い枝に切り戻して更新し、頂部付近に新梢が集中するのを防ぎます。樹高を低く維持するのが難しく、上級者向けの仕立てといえます。

● **植えつけ時**

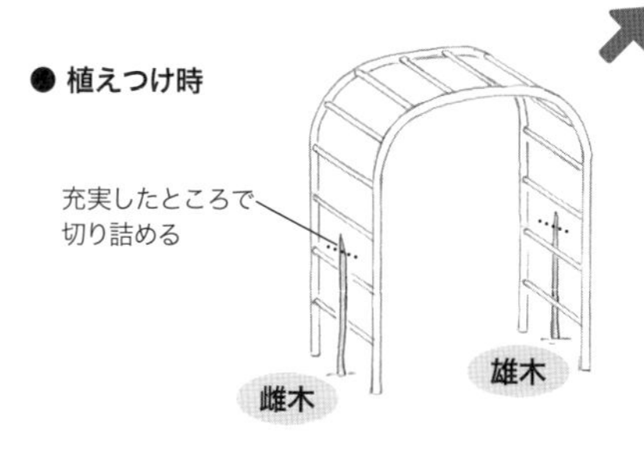

● **1年後**（翌12月）

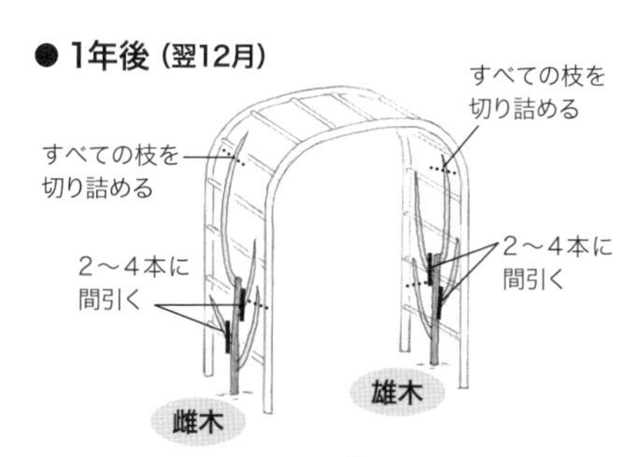

● **2年後**（翌々12月）

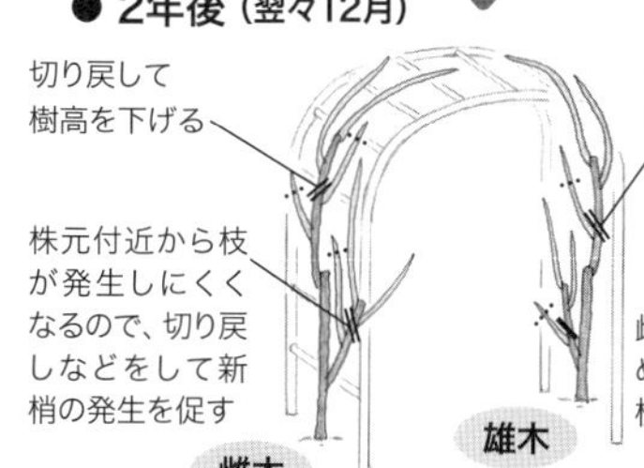

Column

放任樹の剪定

キウイフルーツは新梢の発生量が非常に多く、剪定を数年間行わなかっただけでも枝が重なり合ってジャングルのような状態になります（右写真上）。一度放任樹になった木は、枝の配置が複雑になるほか、古くなった枝の周囲に更新するための突発枝（徒長枝：52、76ページ参照）が発生しにくい状態になり、仮にプロの農家や専門家が剪定したとしても正常な状態に戻すには３～４年以上かかり、完全に元どおりにするのはほぼ不可能です。そのため、まずは放任樹にしないことが最善策といえます。

何らかの理由で放任樹になってしまった木については、複数年計画でなんとか正常な状態に戻るように努力します。棚仕立ての放任樹は、下から見上げると枝が何重にも重なって交差しており、非常に混み合っているはずです（右写真中央）。まずは重なり合っている枝を間引いて、右写真下のようにスカスカにしましょう。棚面1㎡当たりの結果母枝の数は２本を目安とします（75ページ参照）。残す枝は、結果母枝のなかでもなるべく長くて充実しているものを選ぶとよいでしょう。残した枝の先端は切り詰めます（79ページ参照）。

剪定で枝数が減るとともに日当たりがよくなると、翌夏から充実した突発枝が発生して枝の更新（76ページ参照）が可能となり、徐々に木が若返って結実量がふえていきます。

M.Miwa

3年間剪定しなかった棚仕立ての放任樹の外観。棚の上に枝が何重にも重なっている。

M.Miwa

放任樹の剪定前。棚の下から見上げた様子。

M.Miwa

放任樹の剪定後。何重にも重なって交差していた枝を間引いてすっきりさせた。

剪定後の作業

1. 切り口に癒合剤を塗る

すべての枝を切り終わったら、切り口の断面に市販の切り口癒合剤を塗ります。切り口がふさがるのを助け、病原菌が侵入するのを防ぐのが目的です。直径1cm以上の傷を目安に、なるべく塗り忘れがないようにしましょう。傷が大きい場合は、刷毛などで塗り広げると便利です。

数種類の癒合剤が市販されている。

2. 枝を誘引する

切り終わった枝は、ひもを使って棚やオベリスクなどの支柱に誘引します。誘引しないと果実などの重みで枝が垂れてしまうほか、強風であおられて折れてしまうおそれがあります。また、枝を思いとおりの場所に移動・固定することもできます。枝がぐらぐらしないように、1本の枝でも複数のポイントを誘引します。

枝は徐々に太くなるので、食い込みを防ぐために誘引ひもは毎年切り取って、新しいひもで結び直す。

3. 果梗を切り取る

果梗は果実軟腐病などの病原菌のすみかになっている可能性があるので、33ページを参考にして切り取ります。

4. 剪定枝を処分する

33ページを参考にして、切り取った剪定枝を処分します。さし木やつぎ木をする場合は、枝を切り分けてポリ袋に密封し、冷蔵庫の野菜室で保存します。

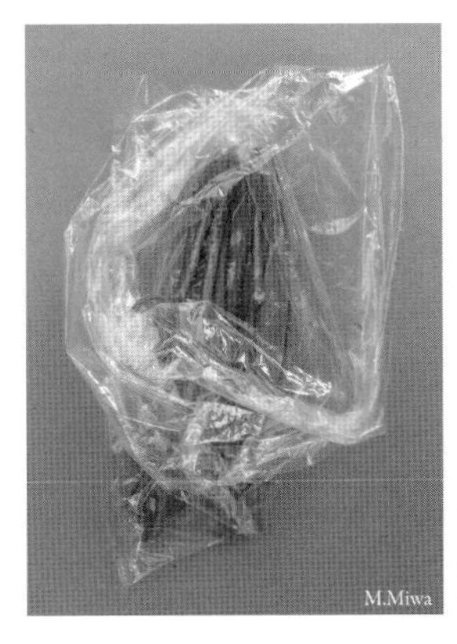

さし木・つぎ木用の穂木として保存する。

もっとうまく育てるために

More info

日ごろの管理で重要な病害虫や置き場、水やり、肥料についてもう少し詳しく解説します。12か月栽培ナビ（27～85ページ）も参考にしながら、もっとうまく育てるコツを習得しましょう。

病害虫の予防・対処法

ふだんから心がける予防法

●越冬病害虫の駆除（33ページ参照）

冬に落ち葉や剪定枝、果梗、枯れ枝を除去し、粗皮削りをします。

●袋かけ（50ページ参照）

摘果直後の6月の果実に市販の果実袋をかけます。

●新梢管理や剪定を徹底する（43、52～54、71～85ページ参照）

誘引、摘心、徒長枝の除去などの新梢管理や冬の剪定を徹底し、春から秋に新梢が混み合って日当たりや風通しが悪くなることがないように心がけます。

●鉢植えは置き場を軒下に（92ページ参照）

春から秋の鉢植えは、なるべく軒下などの雨がかからない場所に置きます。

●水やりは株元に向かって（93ページ参照）

木に水がかかると病気が発生しやすいので、株元に向かって水やりします。

●予防目的の薬剤散布（87ページ参照）

毎年のように決まった病気などが発生して手に負えない場合は、87ページに記載された薬剤などを発生前に散布することを検討しましょう。

●異常に早く気づく

水やりなどの際によく観察し、病害虫の発生に早く気づけるよう努力します。

病害虫が発生した場合の対処法

❶病害虫名の特定

88～91ページの写真やほかの資料を参考に発生している病害虫を特定します。

❷まずは手で取り除く

病気の被害部や害虫は割りばしや歯ブラシ、手などで可能なかぎり除去します。

❸奥の手は薬剤散布

病害虫の発生がひどい場合は、薬剤散布を検討します。❶で特定した病害虫の名前と87、89、91ページの表を参考にして薬剤を選び、発生初期の段階で散布します。病害虫がまん延してから散布しても効果はあまり望めません。

キウイフルーツの主な病害虫の発生時期と防除

関東地方基準

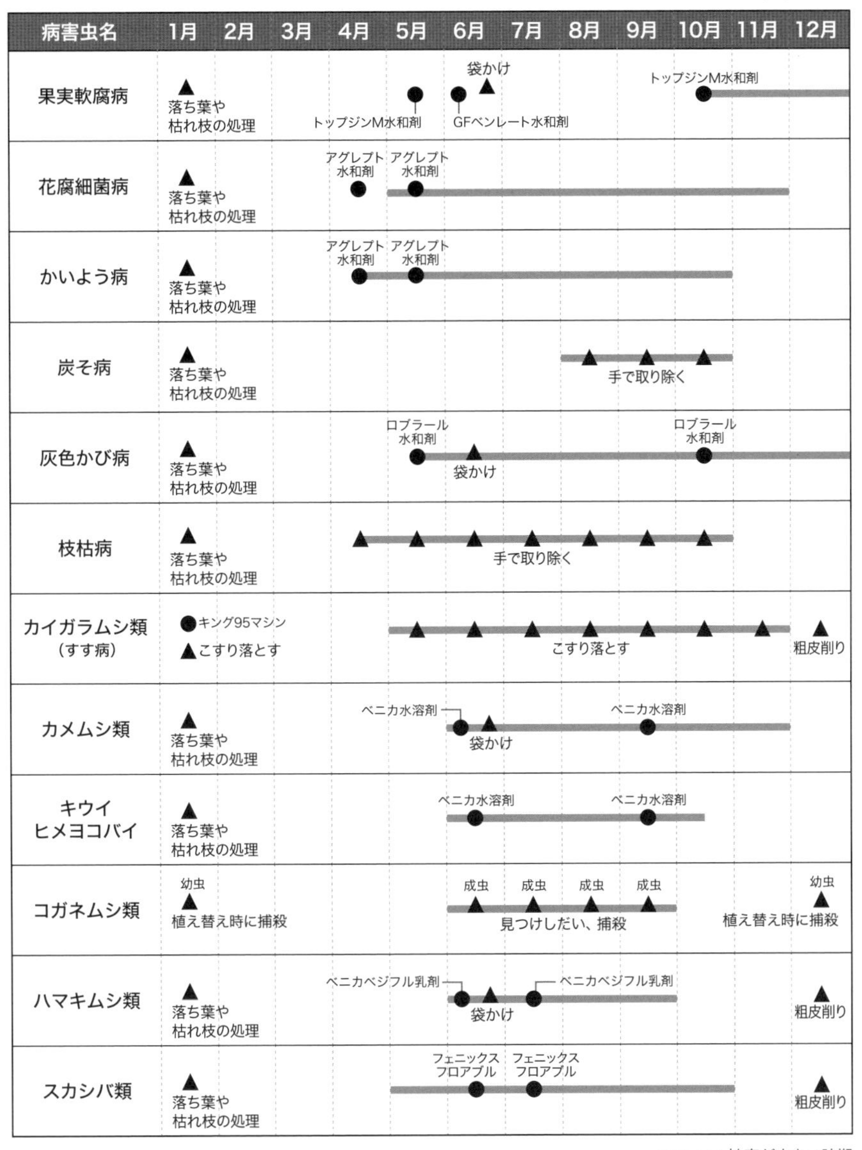

注意：登録内容（2021年8月現在）は随時更新されるので、最新の登録情報に従う
：薬液の希釈倍数、使用液量、処理時期、総使用回数は同封の説明書の表記に従う
：薬剤を散布する際には風のない日を選び、皮膚にかからないような服装や装備を心がける

▬：被害が大きい時期
●：薬剤による防除
▲：薬剤以外の防除

病気

花腐細菌病（はなぐされ）

→45ページ参照

開花時期の雌花の雌しべの周辺付近が褐変するのが特徴。ひどいと落花し、果実として残ったとしても縦に筋が入ることが多い。冬に落ち葉や枯れ枝などを除去するほか、発病した花はすぐに取り除くとよい。毎年のように発生する場合は、4月、5月の2回、殺菌剤の散布を検討する。

果実軟腐病

→63ページ参照

果実を部分的に腐らせる厄介な病気で、家庭でも発生しやすく注意が必要。発病するのは主に追熟中で、ポリ袋の中の果実から発酵臭がしたら、部分的に軟らかくなっている果実を見つけて取り除く。5～6月ごろの幼果の時期にすでに感染が始まっている。冬に落ち葉や枯れ枝、果梗などを除去するほか、摘果後の袋かけも効果的。それでも多発するようなら、5月、6月、10月の3回、殺菌剤を散布するとよい。

枝枯病

→49ページ参照

春から秋の新梢が部分的に落葉し、木が枯れていく病気。発生部位を取り除くほか、果実軟腐病の防除も重要。

かいよう病

→45ページ参照

葉に黄色の斑点が発生し、木が枯れることも。冬の落ち葉拾いのほか、4～5月の殺菌剤の散布（2回）も効果的。

🌑🌑🌑 **注意度3**：予防を心がけ、発生したら薬剤散布も視野に入れて対処する
🌑🌑 **注意度2**：まん延すると厄介なのでなるべく対処する
🌑 **注意度1**：発生が少なければ特に気にしなくてもよい

炭そ病 →59ページ参照 🌑🌑

褐色の斑点が葉に発生し、ひどいと全体に広がって落葉する。落ち葉や被害部を徹底的に取り除くとよい。

灰色かび病 →63ページ参照 🌑

貯蔵・追熟中の果実に白い菌糸が発生して腐る。冬の落ち葉拾いなどのほか、新梢管理を徹底するとよい。

キウイフルーツに農薬登録のある殺菌剤の例　（2021年8月現在）

病気名 / 商品名（薬剤名）	果実軟腐病	花腐細菌病	かいよう病	炭そ病	灰色かび病
トップジンM水和剤（チオファネートメチル水和剤）	○				
GFベンレート水和剤（ベノミル水和剤）	○				
家庭園芸用トップジンMゾル（チオファネートメチル水和剤）	○				
STダコニール1000（TPN水和剤）	○				
アグレプト水和剤*（ストレプトマイシン水和剤）		○	○		
ロブラール水和剤*（イプロジオン水和剤）	○				○

＊：園芸店などでは入手しにくいので、農家向け店舗やインターネットショップ（届出提出の業者）で購入するとよい
注意：登録内容は随時更新されるので、最新の登録情報に従う
：薬液の希釈倍数、使用液量、処理時期、総使用回数は同封の説明書の表記に従う
：薬剤を散布する際には風のない日を選び、皮膚にかからないような服装や装備を心がける

害虫

キウイヒメヨコバイ→61ページ参照

M.Miwa

葉が吸汁されて白く変色する。発生が少なければ気にしなくてもよい。

ハマキムシ類→57ページ参照

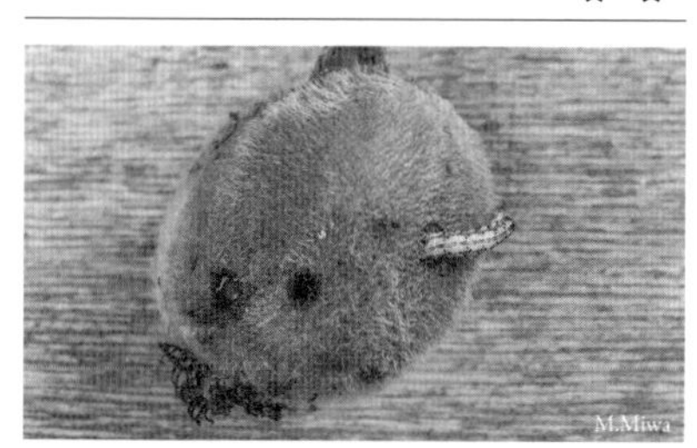

M.Miwa

葉が食害されて巻いてしまうほか、果実が食害される場合もあるので注意。

スカシバ類→57ページ参照

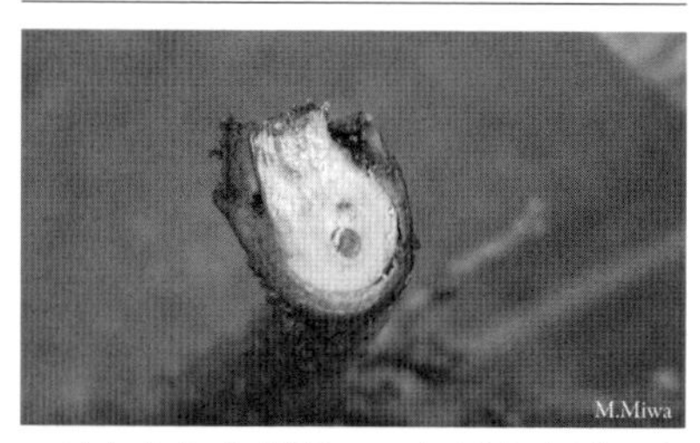

M.Miwa

枝からふんが出ていればキクビスカシバなどのガの幼虫の発生が疑われる。

カイガラムシ類→31ページ参照

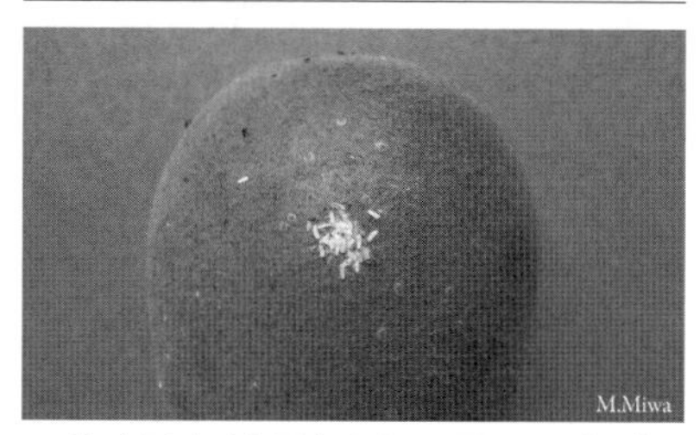

M.Miwa

枝や果実が吸汁されて弱る。歯ブラシなどでこすり取るほか、冬にマシン油乳剤を散布すると効果的。

コガネムシ類→59ページ参照

M.Miwa

成虫は葉を網目状に食害し、幼虫は根を食害する。鉢植えでは幼虫が要注意で、植え替え時に取り除くとよい。

カメムシ類→61ページ参照

M.Miwa

6～7月に多発すると落果の原因になることもあるので注意。摘果後の6月に袋かけすると効果的。

キウイフルーツに農薬登録のある殺虫剤の例　（2021年8月現在）

商品名（薬剤名）＼害虫名	カイガラムシ類	カメムシ類	キウイヒメヨコバイ	コガネムシ類	ハマキムシ類	スカシバ類
キング95マシン（マシン油乳剤）	○					
ベニカ水溶剤（クロチアニジン水溶剤）		○	○			
ベニカベジフルスプレー（クロチアニジン液剤）		○				
ベニカベジフル乳剤（ペルメトリン乳剤）		○			○*2	
フェニックスフロアブル*1（フルベンジアミド水和物）					○	○

＊1：園芸店などでは入手しにくいので、農家向け店舗やインターネットショップ（届出提出の業者）で購入するとよい
＊2：キイロマイコガのみ
注意：登録内容は随時更新されるので、最新の登録情報に従う
：薬液の希釈倍数、使用液量、処理時期、総使用回数は同封の説明書の表記に従う
：薬剤を散布する際には風のない日を選び、皮膚にかからないような服装や装備を心がける

その他の障害

●●● 注意度3：予防を心がけ、発生したら薬剤散布も視野に入れて対処する
●● 注意度2：まん延すると厄介なのでなるべく対処する
● 注意度1：発生が少なければ特に気にしなくてもよい

葉焼け・日焼け果 →59ページ参照 ●●

M.Miwa

根が乾燥したり、葉や果実に強い直射日光が当たると発生する。水やりを徹底するほか、直射日光を避ける。

風ずれ ●

M.Miwa

果実に枝などが当たって傷がついた状態。台風の通過後に発生しやすい。特に気にする必要はないが、6月に袋かけをすると発生しにくい。

置き場

鉢植えは春から秋は日当たりや風通しがよく、雨の当たらない軒下などに置きましょう。冬は寒冷地以外では戸外に置くのが一般的です。季節や時間帯に応じて置き場を工夫します。

春から秋の置き場

日当たりのよい場所

直射日光が長く当たるほど生育がよくなります。実つきもよくなり、果実が大きく甘くなる傾向にあり、病害虫も発生しにくくなります。

風通しのよい場所

風通しをよくすることで湿度が下がり、病気が発生しにくいほか、害虫がとどまりにくくなって被害が減ります。

雨が当たらない軒下など

病気の原因となる糸状菌（カビの一種）や細菌の多くは、水にぬれたり湿度が上昇することで感染・増殖がしやすくなります。鉢植えを雨が当たる場所に置くと病気が発生しやすいので、雨水がかからない軒下で、直射日光が最低３時間程度は当たる場所に置き場を変えるとよいでしょう。

常に軒下に置くのが無理なら、雨が多く感染が多い梅雨だけでも移動させることで果実軟腐病や炭そ病などが激減します。梅雨入り前の５月についても、人工授粉時に花がぬれていると授粉が失敗して実つきが悪くなるので、作業の前後３日程度は軒下に置きます。

春から秋の理想的な鉢植えの置き場

日当たりと風通しがよく、雨が当たらない軒下がベスト。

冬の置き場

日当たりや風通しは問わない

冬は落葉しているので、日当たりや風通しはほとんど影響しません。

暖かい場所に置くと眠り症に

－7℃程度まで耐えるので、寒冷地以外では戸外で冬越しさせます。

寒冷地では－7℃を下回らない場所に移動させますが、暖房が効いた室内など、常に7℃以上の暖かい場所に置くと、キウイフルーツの枝が休眠しません。すると、翌春に暖かくなっても萌芽しにくくなり、開花数や結実数が激減することがあります。これを眠り症といいます。眠り症を防ぐには7℃を下回る場所に置きましょう。

水やり

庭植えは基本的には水やり不要ですが、夏については降雨がない場合や根の張りが悪い場合は水やりが必要です。鉢植えは根の量が少ないので、夏は毎日のように水やりが必要です。

葉や果実の状態を観察しよう

植えつけ時に土づくりをしっかりして水はけのよい状態を保てば、根が広く張り、土の乾燥にはある程度対応できる植物です。しかし、水はけの悪い場所に植えた場合は、庭植えであっても株元付近に根が集中して、乾燥で木がダメージを受けることがあるようです。夏に葉焼けや日焼け果（59ページ参照）が発生するのがそのサインなので、見逃さないようにしましょう。

M.Miwa

鉢植えの根。太い根の割合が比較的多い。

庭植えの水やり

秋から春にかけては水やりが不要ですが、7～9月の夏場だけは注意しましょう。葉焼けなどが発生する場合や14日ほど降雨がなければ、株元を中心として枝葉が広がる範囲（95ページ参照）にたっぷりと水やりします。

鉢植えの水やり

鉢土が乾いたらたっぷり

鉢植えは根の広がる範囲が限られているので、水はけなどの用土の状態にかかわらず根が乾燥したらすぐにしおれます。「鉢土の表面が乾いたらたっぷりやる」が基本ですが、慣れるまでは春や秋は2～3日に1回、夏は毎日、冬は5～7日に1回を目安にして水やりしましょう。

株元に向かってかける

92ページで解説したように、木に水がかかると病気が発生しやすいので、水やりは枝葉や果実ではなく株元に向かってやります。ただし、晴天時のすぐに乾く条件で水をかけるのは例外で、葉についた害虫やほこりを洗い流す（葉水を行う）分には問題ありません。

NP-H.Imai

水は枝葉や果実にかけず、株元に向かってかける。

More info

肥料

下表を参考にして肥料を施しましょう。施肥量が多すぎると新梢が徒長するほか、木が傷むこともあります。

施す肥料の時期

一度に大量の肥料を施すと根が傷んで新梢がしおれるおそれがあります(肥料焼け)。また、雨などの影響で、肥料分の大半が吸収される前に根の範囲外に無駄に流れ出てしまいます。

そのため、本書ではキウイフルーツにおいては、庭植え、鉢植えともに2月、6月、11月の年間3回に分けて施す方法を紹介しています(下表参照)。ただし、肥料分が流れ出やすい鉢植えでは、年間施肥合計量を維持したまま、2月、4月、6月、7月、11月と年間合計5回程度に細かく分けるなど、アレンジして施肥してもよいでしょう。

三要素とその割合

肥料分で重要な役割を果たすのがチッ素、リン酸、カリウムの三要素です。キウイフルーツにはその3つがほぼ同じ割合で必要なので、家庭用に売られている肥料のうち、N－P－K＝8－8－8などのように三要素が同程度の割合で含まれているものを選ぶと、複数の肥料を混ぜる必要がなく効率的です。

三要素のうち、チッ素分を施しすぎると収穫果の糖度が低くなるほか、病気が発生しやすくなります。そのため、チッ素分の割合が高い肥料だけを用いて施肥するのは、キウイフルーツにはおすすめできません。

肥料を施す時期と種類、量の目安

施肥時期	肥料の種類*1	鉢植え			庭植え		
		鉢の大きさ			樹冠直径		
		8号	10号	15号	1m未満	2m	3m
2月 春肥・元肥	油かす	20g	30g	60g	130g	520g	1170g
6月 夏肥・追肥	化成肥料	10g	15g	30g	30g	120g	270g
11月 秋肥・お礼肥	化成肥料	8g	12g	24g	25g	100g	225g

＊1：油かすは、ほかの有機質肥料が混ざっていればなおよい、化成肥料はN-P-K=8-8-8
注意：肥料は重さを量る必要はなく、一握り30g、一つまみ3gを目安にするとよい

施す肥料の種類

前述の内容が守られていれば肥料の種類は問いませんが、元肥とも呼ばれる春肥（2月）では三要素に加えて微量要素が必要なほか、物理性を改善するようなふかふかな肥料を施すとよいので、本書では有機質肥料のなかでも臭いが少なく、扱いやすい油かすを用いた施肥方法を紹介します。油かすだけだとチッ素分の割合がやや高くなるので、油かすに骨粉などが含まれたものがおすすめです。夏肥(6月)や秋肥(11月）には化成肥料（N－P－K＝8-8-8など）がよいでしょう。

施す肥料の量

施す肥料の量は、木の大きさによって調整します。鉢植えは鉢の大きさ(号数)、庭植えは右下図の樹冠直径の大きさをもとに、94ページの表も参考にしながら施しましょう。肥料分の割合でいうと、春肥（2月）では全体の約4割、夏肥（6月）や秋肥（11月）ではそれぞれ約3割になるように調整しています。

ただし、左表はあくまで目安としましょう。木が必要としている肥料量は品種や土壌の状態などによっても異なるので、生育状況を観察しながら、育てている株に合った量に調整することが重要です。肥料が足りない場合は葉の色が薄くなり、多すぎる場合は徒長枝の発生が多くなり、収穫果の甘みが低下する傾向にあります。

施す場所

鉢植え

鉢の全体に肥料分が行き渡るように、鉢土の全体にまんべんなく肥料を置きます。株元や鉢の縁だけに偏って置かないようにします。庭植えのように土の中にすき込む必要はありません。

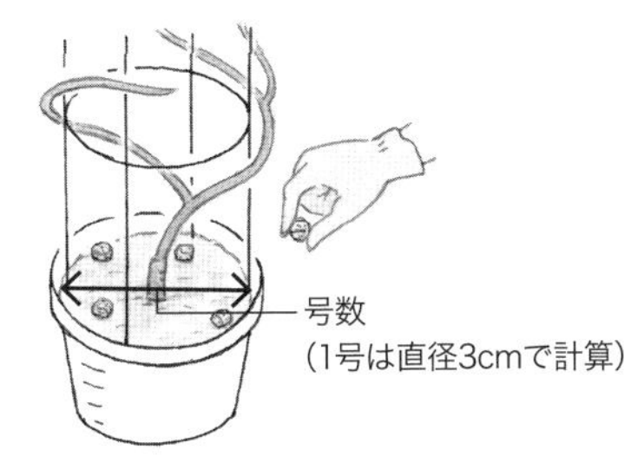

鉢の縁だけに集中的に施すと肥料焼けや肥料の流失が起きやすいので、鉢土の全体に偏りなく施す。

庭植え

施肥量は下図の樹冠直径の広さを参考にし、その範囲に施します。オールバック仕立てでは施肥量は樹冠直径を目安にするものの、施肥する範囲は株元を中心に棚がない側にも施します。水やり（93ページ参照）も同様です。

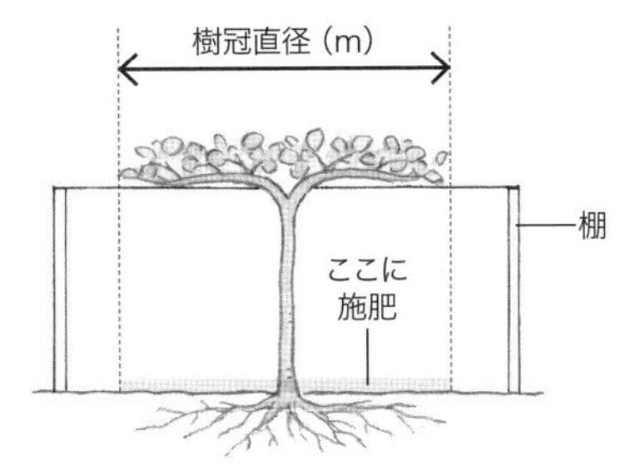

肥料を施したのちに、クワなどを使って軽くすき込むと吸収されやすくなるほか、水はけなどの改善にもつながる。

三輪正幸（みわ・まさゆき）

1981年、岐阜県不破郡関ケ原町生まれ。千葉大学大学院自然科学研究科修了。現在は千葉大学環境健康フィールド科学センター助教。前職はプロボクサーで、減量時に食べた果物のおいしさに惹かれて果樹の栽培法に興味をもつ。専門は果樹園芸学、昆虫利用学など。最近では果樹の受粉用の飼育をきっかけにミツバチに関する研究にも取り組む。
教育研究活動のほかには、「NHK 趣味の園芸」や「NHK あさイチ グリーンスタイル」などのテレビ・ラジオ出演や全国での講演活動などを通して、家庭で果樹栽培を気軽に楽しむ方法を提案している。
『NHK趣味の園芸 12か月栽培ナビ⑭ カキ』（NHK出版）、『果樹栽培 実つきがよくなる「コツ」の科学』（講談社）、『小学館の図鑑NEO 野菜と果物』（小学館）、『剪定もよくわかる おいしい果樹の育て方』（池田書店）、『おいしく実る！ 果樹の育て方』（新星出版社）、『新版 家庭でできるおいしい柑橘づくり12か月』（家の光協会）、『果樹＆フルーツ 鉢で楽しむ育て方』（主婦の友社）など著書・監修書多数。

NHK 趣味の園芸
12か月栽培ナビ⑰
キウイフルーツ

2021 年 11 月 20 日　第 1 刷発行

著　者　三輪正幸
　　　　©2021 Miwa Masayuki
発行者　土井成紀
発行所　NHK 出版
　　　　〒150-8081
　　　　東京都渋谷区宇田川町 41-1
　　　　TEL 0570-009-321（問い合わせ）
　　　　　　0570-000-321（注文）
　　　　ホームページ
　　　　https://www.nhk-book.co.jp
　　　　振替　00110-1-49701
印刷　凸版印刷
製本　凸版印刷

ISBN978-4-14-040297-9 C2361
Printed in Japan

表紙デザイン
岡本一宣デザイン事務所

本文デザイン
山内迦津子、林 聖子
（山内浩史デザイン室）

表紙撮影
アルスフォト

本文撮影
今井秀治／田中雅也／福田 稔

イラスト
江口あけみ
タラジロウ（キャラクター）

校正
安藤幹江

編集協力
髙橋尚樹

企画・編集
向坂好生（NHK 出版）

取材協力・写真提供
折原果樹園／大塚果樹園／柏瀬公男／
千葉大学環境健康フィールド科学センター／
三輪正幸